王忍之

中国社会科学院第五届党委书记

在中国社会科学院

——关于办院方针和科研方向

王忍之 著

中国社会科学出版社

图书在版编目(CIP)数据

在中国社会科学院：关于办院方针和科研方向／王忍之著．—北京：中国社会科学出版社，2017.5

（中国社会科学院建院40周年纪念文库）

ISBN 978-7-5203-0335-4

Ⅰ.①在… Ⅱ.①王… Ⅲ.①中国社会科学院—工作—文集 Ⅳ.①G322.22-53

中国版本图书馆CIP数据核字(2017)第079441号

出 版 人　赵剑英
项目统筹　方　军　白晓丽
责任编辑　王　曦等
责任校对　郝阳洋
责任印制　王　超

出　　版　中国社会科学出版社
社　　址　北京鼓楼西大街甲158号
邮　　编　100720
网　　址　http://www.csspw.cn
发 行 部　010-84083685
门 市 部　010-84029450
经　　销　新华书店及其他书店

印刷装订　北京市十月印刷有限公司
版　　次　2017年5月第1版
印　　次　2017年5月第1次印刷

开　　本　710×1000　1/16
印　　张　13.75
插　　页　3
字　　数　161千字
定　　价　88.00元

凡购买中国社会科学出版社图书，如有质量问题请与本社营销中心联系调换
电话：010-84083683

《中国社会科学院建院40周年纪念文库》

《中国社会科学院建院40周年纪念文库》出版说明

一、中国社会科学院自1977年5月成立以来，历经40年的发展，已经建设成为党中央领导的马克思主义坚强阵地、党的意识形态重镇、哲学社会科学最高殿堂和国家级综合性高端智库。这与历届我院主要负责同志谋篇布局、殚精竭虑、改革创新密不可分。在庆祝建院40周年之际，院党组决定，编辑出版《中国社会科学院建院40周年纪念文库》，请曾任和在任的院主要领导编撰纪念文集，每位院领导一卷。

二、入选文库作品的作者为我院历届主要负责同志（含党和国家领导人），共十位，名单如下：

胡乔木（中共第十二届中央政治局委员，中国社会科学院第一届院长、党组书记）

邓力群（中共第十二届中央书记处书记，中国社会科学院第一届副院长、党组副书记）

马　洪（中国社会科学院第二届院长）

梅　益（中国社会科学院第二届党组第一书记）

胡　绳（第七届全国政协副主席，中国社会科学院第三届、第四届、第五届院长、第三届党组书记）

郁　文（中国社会科学院第四届党委书记）

王忍之（中国社会科学院第五届党委书记）

李铁映（中共第十三届、第十四届、第十五届中央政治局委员，第十届全国人大常委会副委员长，中国社会科学院第六届院长、党组书记）

陈奎元（第十届、第十一届全国政协副主席，中国社会科学院第七届院长、党组书记）

王伟光（中国社会科学院第八届院长、党组书记）

三、文库各卷内容反映了历任院领导在办院实践过程中，对哲学社会科学科研生产和人才成长规律、中国社会科学院办院规律、哲学社会科学发展规律进行研究、探索和实践的成果。历任院领导办院的大方向、大原则是一致的，但又有不同时期的特点。文库是中国社会科学院弥足珍贵的院史资料，有些文章是第一次公开发表，将为后人留下可资借鉴的宝贵经验。我们相信，随着时代的发展，文库的思想理论价值、学术价值、史料价值一定会愈加凸显。

四、文库的组织、编辑、出版工作由中国社会科学院办公厅具体负责。历经短短的 5 个多月的时间，能够与读者见面，与各位院领导及其秘书、亲属、出版社的大力支持密不可分，在此表示深深的谢意。

编　者

2017 年 4 月

目　　录

繁荣哲学社会科学*

（1991 年 12 月 12 日）

全国哲学社会科学规划领导小组召开这次会议，主要是讨论全国哲学社会科学“八五”重点课题规划。与此相关，还要讨论如何繁荣哲学社会科学的有关问题，讨论《国家资助哲学社会科学研究项目管理办法》。我受领导小组的委托，讲几点意见。

一　新的历史时期与哲学社会科学的重大作用

当前，世界格局正处于新旧交替的变化时期，我国的社会主义现代化建设处于关键阶段。错综复杂的国际形势和繁重艰巨的国内任务，都要求我国哲学社会科学有新的发展和繁荣，要求它在激励人民、争取社会主义事业的新胜利中发挥更大的作用。

---

* 任职中共中央宣传部时，在全国哲学社会科学“八五”规划工作会议上的讲话。

从国际上看，我们面临两个挑战，一是世界经济竞争和新技术革命的挑战。近几十年来，一场新的科技革命在世界范围内蓬勃兴起，各种新兴科学技术不断涌现，以历史上不可比拟的速度和规模，迅速、广泛地应用于生产领域，使经济得到了长足的进步，同时也加剧了世界政治经济的不平衡，改变着国与国之间的力量对比。在以经济和科技为主要力量的综合国力的较量中，我们只能向前，不能落后。落后就要受欺侮，就要挨打。我国是发展中国家，经济、科技、文化还不发达。要缩短与发达国家的差距，面临的任务尤其繁重艰巨。二是国际敌对势力加紧推行和平演变战略。自从社会主义制度诞生以来，垄断资本主义与社会主义两种制度的斗争从未停止过。和平演变与反和平演变的斗争是当代这两种制度斗争的重要形式。国际敌对势力企图把我国融化进资本主义体系，变成其附庸。要充分认识反对和平演变斗争的重要性和紧迫性。能否有效地应对这些挑战，关系到我国社会主义制度的前途命运，关系到中华民族的盛衰兴亡。我们必须迎接挑战，并取得胜利。

从国内来说，十一届三中全会以来，在以邓小平同志为核心的党中央的领导下，我们以经济建设为中心，坚持四项基本原则，坚持改革开放，顺利实现了现代化建设的第一步战略目标，坚定不移地走社会主义道路。十三届四中全会以后，以江泽民同志为核心的党中央，继续坚持“一个中心、两个基本点”的基本路线，执行正确的方针政策，在全国各族人民共同努力下，我国经济稳定、政治稳定、社会稳定，广大人民群众正满怀信心地为实现现代化建设的第二步战略目标而奋斗。同时，我们也应看到，国内经济生活、政治生活、社会生活中还有不少亟待解决的问题，资产阶级自由化与四项基本原则的对立将长期存在，社会上存在着或者还会产生一些不安定因素。要妥善地解决各种矛盾和问题，继续保持稳定发展的局面，坚决把国民经济搞上去，实现既定的战略目标，仍需进行坚忍不拔的努力，容不得有丝毫的懈怠。

哲学社会科学研究作为党所领导的一条战线，哲学社会科学工作者作为现代化建设的一支重要的方面军，在迎接挑战、开拓未来的实践中，负有重大的历史责任，应当积极贡献自己的力量。

列宁说过，没有理论，无产阶级政党就会失去生存的权利，而且不可避免地要在政治上遭到破产。做好马克思主义的理论工作，做好哲学社会科学工作，历来是无产阶级政党领导革命和建设事业走向胜利的一个必要条件，是无产阶级政党实施思想领导的一个基本途径。整个共产主义运动史和我们党的历史，对此都做了有力的说明。

马克思主义诞生后，在同各种机会主义和错误思潮的斗争中，日益与工人运动相结合。马克思主义成为无产阶级认识世界和改造世界的思想武器。从此，工人运动蓬勃发展起来。到了 19 世纪末，国际共产主义运动内部机会主义思潮泛滥，主要资本主义国家的工人政党纷纷蜕变为资产阶级的附庸，国际共产主义运动处于低潮。列宁在新的历史条件下，科学地回答了实践提出的新问题，批判第二国际机会主义，卓越地驾驭思想理论斗争的全局，把马克思主义推向一个新的阶段——列宁主义阶段，使国际共产主义运动从低潮转向高潮，赢得了十月社会主义革命的伟大胜利。

在我们党长期奋斗的历史中，马克思列宁主义的巨大指导作用是显而易见的。党成立以后，在马克思列宁主义的指引下，开展工农运动，同时与国民党合作，进行北伐战争，掀起了国民革命的高潮。但由于理论准备不足，陈独秀的右倾机会主义思想一度在党内占据支配地位，导致了大革命的失败。当革命处于低潮的时候，以毛泽东同志为代表的中国共产党人，在实践过程中进行了艰苦的理论探索。毛泽东同志写下了《中国的红色政权为什么能够存在?》《井冈山的斗争》《星星之火，可以燎原》《反对本本主义》等光辉著作，开辟了工农武装割据、以农村包围城市的革命道路，使革命形势和革命力量有了新的发展。但是由于当时全党同志对马克思列宁主义和中国国情还缺乏透彻的了解，王明“左”倾机会主义者把马克思列宁主义教条化，加之敌人的疯狂“围剿”，几乎使革命陷于绝境。只是到了遵义会议后，确立了毛泽东同志在红军和党中央的领导地位，才拨正了革命的航船，打开了革命的新局面。此后，毛泽东同志写下了《实践论》《矛盾论》《中国革命和中国共产党》《新民主主义论》等一系列光辉著作，进一步从理论上回答了中国革命的道路和其他一系列问题，形成了适合中国国情的指导思想——毛泽东思想。中国革命就在毛泽东思想的指引下，一步一步走向了胜利。新中国成立后，毛泽东思想在指导社会主义革命和建设取得胜利的同时，又得到进一步的丰富和发展。十一届三中全会以来，以邓小平同志为代表的中国共产党人，坚持把马克思主义基本原理同中国的现代化建设实际相结合，集中全国人民的智慧，在总结社会主义革命和建设正反两方面经验的基础上，提出了建设有中国特色的社会主义理论，丰富和发展了毛泽东思想，开创了新的历史时期。江泽民同志在“七一”讲话中又进一步阐述了建设有中国特色的社会主义的经济、政治、文化的本质特征和基本原则。建设有中国特色的社会主义理论，已经在实践中发挥了巨大的指导作用，保证了社会主义建设和改革的顺利进行。

历史的经验和现实的斗争都告诉我们，坚持马克思主义的理论指导，是无产阶级革命和社会主义建设事业取得胜利的根本保证；无产阶级政党在任何时候都不能忽视马克思主义的理论工作，忽视哲学社会科学工作。在革命事业处于高潮时是这样，在革命事业处于低潮时更是这样。革命事业高潮的出现，一般来说，本身就是以革命理论为先导的。高潮时期，革命事业势如破竹，形势发展迅猛异常，无产阶级政党需要运用理论来预见革命发展的总趋势，制定正确的行动纲领和方针，引导群众奋发前进。在这期间，革命理论是夺取胜利、发展胜利、巩固胜利的重要条件。而在低潮时期，革命事业遇到挫折，无产阶级政党更需要运用理论来分析矛盾，总结教训，回答实践中出现的难题，找到前进的道路，激发人们的斗志。在这期间，理论是推动革命事业从低潮走向高潮的不可缺少的条件，是开创革命事业新局面的极其重要的武器。现在，国际共产主义运动处于低潮，世界社会主义事业受到严重挫折。在这种情况下，坚持社会主义道路，建设有中国特色的社会主义，在国际国内都会遇到许多困难和问题，这就更需要高度重视马克思主义的理论工作，重视哲学社会科学研究工作，充分发挥它们的作用。只有在马克思主义的指导下，研究并揭示当代资本主义和社会主义发展的规律和特点，从理论上回答实践中提出的重大问题，才能为社会主义现代化建设和改革开放提供有力的理论指导，保证其正确的发展方向；才能说服、教育我们的人民和青年，坚定社会主义信念，发挥社会主义积极性。只有运用马克思主义的锐利武器，去剖析、批判资产阶级思想体系，才能增强广大干部群众的识别力，抑制、瓦解国内外敌对势力在意识形态上的攻势，巩固、发展建设有中国特色的社会主义事业。同时，我们的理论、我们的哲学社会科学，也只有倾听时代的呼唤、实践的呼唤，在回答现实重大问题的过程中，在同各种错误思潮的斗争中，才能获得发展和繁荣，显示出自身的生命力、战斗力和创造力。

我们的哲学社会科学战线具有光荣的传统，在革命和建设时期都提供过有价值的科研成果。党的十一届三中全会以来，广大社会科学工作者在真理标准讨论方面，在总结新中国成立以来历史经验方面，在为现代化建设和改革开放服务方面，在坚持四项基本原则、反对资产阶级自由化方面等，都进行了努力，付出了艰辛劳动，取得了可喜的成果。这些成果，对于党形成建设有中国特色的社会主义理论，制定在社会主义初级阶段的基本路线和方针政策，都起到了重要的作用。党和人民充分肯定广大社会科学工作者的积极贡献。当然，哲学社会科学战线也存在不少缺点，还落后于实践的发展。相信广大社会科学工作者能够继承发扬优良传统，克服缺点，把新形势下哲学社会科学研究历史重任担当起来，不断做出新的贡献。

二　哲学社会科学战线面临的繁重任务

建设有中国特色的社会主义，是现阶段我国人民的基本实践。把亿万人民的这一伟大实践不断推向前进，不仅是我们国家和人民的根本利益所在，而且关系到世界社会主义事业的发展前途。建设有中国特色的社会主义面临的挑战，就是哲学社会科学面临的挑战；它所面临的问题就是哲学社会科学要研究的问题。哲学社会科学的根本任务，就是在马克思主义的指导下，紧紧围绕建设有中国特色的社会主义这一主题，从多方面、多角度研究它所涉及的经济、政治、文化等实际问题和理论问题，为这一伟大实践提供有力的理论指导、有效的决策依据、有利的舆论环境。

哲学社会科学研究应当遵循党的“一个中心、两个基本点”的基本路线，把拓展和深化有中国特色的社会主义的研究作为主攻方向，以此来带动各方面、各学科的研究。我们不仅要从国情出发，从整体上研究建设有中国特色的社会主义的基本问题，而且要从省情、市情、县情出发，研究不同地区的经济和社会发展的问题。要在已经取得的理论成果的基础上继续大胆探索，不断丰富和完善建设有中国特色的社会主义的理论体系。要努力总结40多年来，特别是十一届三中全会以来的实践经验，及时概括群众中的新鲜经验，做出新的理论创造，提出新的理论观点，以满足建设和改革实践的需要。满足这个需要，哲学社会科学就能找准自己的位置，获得广阔的发展天地，发挥应有的作用，得到党和人民的重视。离开这个需要，哲学社会科学就没有生机，没有前途。哲学社会科学研究应当自觉地为建设有中国特色的社会主义服务，为把我国建设成为富强、民主、文明的社会主义国家而奋斗。

哲学社会科学要为建设有中国特色的社会主义服务，首先就要为经济建设这个全党全国的中心任务服务。社会主义的根本任务是发展社会生产力。生产力发展了，国民经济搞上去了，才能满足人民群众日益增长的物质文化生活的需要，社会主义制度才能充分显示出优越性，经得起各种风浪的考验。我们国家人口多，底子薄，经济落后，发展又不平衡，经济建设的任务十分繁重。应当从不同的角度和方面对经济建设进行系统的调查研究，做出科学的分析和预测，协助党和政府正确地解决不断出现的新问题，以促进国民经济的健康发展。当前，哲学社会科学研究要为保持国民经济的持续、稳定、协调发展，为实现我国国民经济和社会发展十年规划和“八五”计划、实现社会主义现代化建设第二步战略目标贡献力量。这方面需要深入研究的课题是很多的，如国民经济的宏观管理，社会总供给与总需要平衡的理论与实践，生产力布局优化和产业结构调整，经济发展中的比例、速度和效益问题，科技进步推动经济发展问题，现阶段的收入分配、流通、消费问题，增强国营大中型企业活力问题，提高农业的综合生产能力和水平问题，城乡经济协调发展问题，民族地区的经济和社会发展问题，人口问题，等等。根据经济建设提出来的任务，哲学社会科学工作者不仅要研究经济理论，而且要针对大量的实际问题，提供制定有关方针、政策以及方案的咨询和建议，并进一步研究实行这些方针、政策、方案的社会效益。这样的哲学社会科学研究，是党和人民所欢迎、所希望的。

哲学社会科学要认真研究改革开放的各种问题，勇于探索，为改革开放的实践服务。必须深化经济体制改革，扩大开放。不改革，社会主义就没有生机和活力；改革不坚持社会主义方向，就会葬送党和人民 70 年奋斗的成果。90 年代，要初步建立适应以公有制为基础的社会主义有计划商品经济发展的、计划经济与市场调节相结合的经济体制和运行机制，这是一项宏大的系统工程，有待于我们去探索、去创新。在这方面，哲学社会科学研究是大有可为的。当前特别需要研究的问题有：社会主义经济改革的理论与实践，90 年代经济体制改革的基本趋势及思路，以公有制为主体的多种所有制结构和公有制的实现形式。计划经济与市场调节相结合的途径和形式，价格体制改革问题，劳动工资的改革问题，投资、金融、财政、税收的体制改革问题，沿海和内陆地区的对外开放问题，90年代中国对外经贸发展战略及对外经贸体制改革问题，等等。应当通过辛勤劳动，力求有所发现，有所前进，用科研成果为改革开放的实践提供理论的依据和实际可行的建议和方案。

哲学社会科学要大力推进社会主义民主政治建设，为发展安定团结、生动活泼的政治局面，保证人民当家做主和国家的长治久安服务。要巩固人民民主专政，加强社会主义民主和法制建设，完善人民代表大会制度和中国共产党领导的多党合作和政治协商制度，保持党和政府与人民群众的血肉联系，更好地实现人民当家做主，形成“又有集中又有民主，又有纪律又有自由，又有统一意志，又有个人心情舒畅、生动活泼，那样一种政治局面”。这就需要深入研究中国社会主义初级阶段的阶级斗争，马克思主义国家学说与社会主义国家的政权建设，社会主义现代化建设过程中的政治稳定，我国政治体制改革的深化，国家机构和干部人事制度改革，社会主义民主和法制建设，廉政的制度建设，统一战线的巩固和发展，民族关系和宗教政策，等等。这个领域的研究，对于发展安定团结的政治局面，对于党和政府决策的科学化、民主化，对于调动一切积极因素，保证各项事业在社会主义民主和法制的轨道上健康发展，具有重要的意义。

哲学社会科学要积极参与社会主义精神文明建设，为提高中华民族的思想道德素质和科学文化素质服务。我们的哲学社会科学反映着人类精神文明的成果，体现着社会主义时代精神的精华。哲学社会科学研究涉及我们常说的世界观、人生观、价值观以及思想、道德、情操问题，能够为思想道德教育提供充实的材料和依据，帮助人们去正确地认识世界、认识社会、认识人生。同时，哲学社会科学作为一种社会知识体系，又能够为人们提供丰富的知识，提高人们的科学文化水平。因此，哲学社会科学及其工作者在培养“有理想、有道德、有文化、有纪律”的社会主义新人方面，负有义不容辞的社会责任。哲学社会科学要研究在改革开放条件下，人们特别是青少年人生观、价值观、道德观变化的特点和规律，帮助人们树立正确的人生观、价值观、道德观。要促进精神生产的各部门根据人民群众的需要，提供丰富多彩的精神食粮。要探讨社会主义精神文明建设的规律，包括精神文明建设的发展战略和规划，精神文明建设活动的形式、效果。要研究建设有中国特色的社会主义文化与弘扬中华民族优秀传统文化、吸收外国有益文化的关系，等等。这个领域的研究，有助于社会主义精神文明建设的发展，中华民族整体素质的提高。

哲学社会科学要重视研究反对和平演变的问题，为在意识形态领域筑起抵御和平演变的钢铁长城服务。国际敌对势力一方面竭力吹嘘资本主义的美妙永存，另一方面大肆宣扬社会主义已经死亡或正在死亡。它们倚仗其经济、科技、军事实力，加紧推行和平演变战略。为了有效地挫败国际敌对势力对我国实行和平演变的图谋，我们要加强对当代资本主义的研究，研究资本主义为什么会有相对稳定的发展，它在生产力、生产关系、上层建筑方面有哪些变化，这些新变化究竟意味着什么；研究资本主义的基本矛盾在当代的表现形式，揭示其发展趋势；研究资本主义发达国家之间的矛盾，它们同发展中国家间的矛盾；世界工人运动的现状和前景；等等。这些问题是马克思主义者不能回避的，必须研究清楚，以便正确认识资本主义，为抵制和平演变提供思想理论武器。还要研究一些社会主义国家演变的过程及原因，他们在经济上、政治上、思想理论上、党的建设上、宗教及民族关系上，都有哪些问题，哪些教训，从中引出反对和平演变需要注意的问题。应当研究国际敌对势力推行和平演变采用的策略、途径，研究制定抵御和平演变的办法、措施。应当说，上述这些方面的研究落后于形势发展的要求，必须放到重要位置。

加强国际问题研究，对于为我国社会主义现代化建设争取和平的国际环境，具有重要作用。当前，国际形势正经历着深刻的变化。世界各种力量在错综复杂的利害关系和矛盾斗争中重新分化和组合。旧的世界格局已经打破，新的格局尚未形成。在这种国际环境下，我们在处理国际问题和国际关系上要采取正确的对策，就必须研究大量的国际问题，加深对各国情况的了解。应该注意研究世界政治经济格局的变化趋势，世界格局变化中各国的战略和对外政策，苏联、东欧演变的趋势及其对世界格局的影响，第三世界在世界格局变化中的地位和作用，国际政治经济新秩序，周边国家政治经济发展状况，世界军备竞赛、军备控制与裁军的发展趋势及我国的对策等。这方面的研究成果，可以使我们科学地认识风云变幻的国际形势，正确处理国与国之间的关系，争取一个有利于社会主义现代化建设的国际环境。

我们还要大力加强马克思主义基本理论的研究，更好地坚持和发展马克思主义。这既是丰富指导我国社会主义现代化事业的理论基础的需要，也是我国哲学社会科学健康发展的根本保证和重要任务。马克思主义作为科学的理论，需要随着实践的发展而不断发展。不仅要认真研究社会主义现代化建设中的新情况、新问题、新经验，研究世界政治经济的新形势，而且要研究国内外的各种理论、思潮，认真总结和吸取人类文明的新成果，包括自然科学和技术革命的新成果，力求从理论和实际的结合上不断充实和发展马克思主义。要深入研究马克思主义在当代的新发展，毛泽东同志的社会主义革命与社会主义建设思想，邓小平同志对建设有中国特色社会主义的理论贡献，有中国特色社会主义的基本理论与基本实践等问题，力求在理论上有更大的进展。

坚持和发展马克思主义，必须对各种反马克思主义思潮进行研究和批判。要研究和批判资产阶级所鼓吹的思想多元化、政治多元化的实质，研究和批判资产阶级利用民主、自由、人权等口号散布的错误的思想政治观点，揭露这些观点的虚伪性和阶级性，揭露资产阶级用它来干涉社会主义国家内政、控制第三世界国家的反动实质，划清马克思主义与资产阶级思想理论观点的界限。民主社会主义是一种右倾机会主义思潮，是和平演变的思想武器。要研究清楚它的历史渊源、现实内容、错误实质和严重危害，划清科学社会主义与民主社会主义的界限。资产阶级自由化思潮反对社会主义道路，反对共产党的领导，是和平演变的内应力量。要研究这股思潮产生的阶级根源、历史根源和国际背景，认识它的实质和危害，划清四项基本原则和资产阶级自由化的界限。在各门学科建设中都应清除上述错误思潮的影响，这是哲学社会科学本身发展的要求，而不是外加的任务。只有这样，才有利于坚持正确的研究方向，把马克思主义和哲学社会科学推向前进。

要深入研究当代西方学术理论思潮，以利于哲学社会科学各个学科的发展。改革开放以来，翻译出版了大量有代表性的西方学术理论著作，介绍了不少在西方有影响的学术理论思潮和流派。这种引进和介绍，对于开阔学术视野，活跃学术气氛，促进学术理论研究，是有意义的。也要看到，前些年对待西方的学术理论思潮，介绍得多，分析研究得少，存在着不加分析、不加评论地介绍，甚至无原则地进行吹捧的倾向。这在一些青年学生和青年知识分子中间造成了不良影响，导致一些人在世界观、人生观、价值观、道德观上出现了种种混乱，在要不要坚持社会主义和共产党领导等根本性问题上出现迷惘和动摇。一些顽固坚持资产阶级自由化立场的人，正是着意通过传播西方的学术理论观点，为反对四项基本原则培植思想理论基础的。解决这方面存在的问题，既要交流、引进，又要抵制其中错误的东西。这里的根本问题是用马克思主义的立场、观点、方法去研究分析当代西方的学术理论思潮，提高我们的识别能力，取其精华，去其糟粕。

在新时期，哲学社会科学面临的任务是繁重的、艰巨的，也是光荣的。当然，它的任务绝不仅仅限于上述这些方面。我们既要发展应用研究，也要发展基础理论研究。有些基础理论研究可能一时回答不了什么具体问题，但长远来看，具有重要的意义。既要重视中国和外国现状的研究，也不能忽视历史的研究。只有充分了解过去，才能正确把握现在和未来。对历史进行的研究，可以更好地了解历史前进的客观规律，吸取历史的经验。总之，哲学社会科学研究，应当是既有重点、有主攻方向，又要实现多学科的全面发展和繁荣。国家通过制定哲学社会科学研究的五年规划和年度计划，把这些任务分解为课题，有计划地把广大社会科学工作者组织起来、开展研究，拿出经得起实践检验的成果，这是发挥哲学社会科学的指导作用、教育作用、咨询作用、战斗作用的好形式、好方法。现在根据现实斗争和发展哲学社会科学的需要，经过广泛征求专家、学者及有关方面的意见，拟定了全国哲学社会科学“八五”重点课题规划，提交这次会议讨论，希望大家充分发表意见。

三　坚持以马克思主义为指导，保证哲学社会科学研究的正确方向

党和国家一贯强调哲学社会科学研究必须坚持以马克思主义为指导的方针，理论联系实际的方针，“百花齐放、百家争鸣”的方针。

马克思主义是我们党和国家的指导思想。作为人类思想发展最辉煌的成果，它为我们进行社会科学研究提供了科学的世界观和方法论。列宁曾经指出，历史唯物主义的诞生，使得过去研究社会的学科变成真正的社会科学；没有历史唯物主义的观点，就没有社会科学。我们是社会主义国家，坚持用以马克思主义为指导的社会科学去研究社会各个领域的问题，既是社会主义事业发展的内在要求，也是社会科学健康发展的根本保证。在这个问题上，不能有丝毫的动摇。殷鉴不远，资产阶级自由化在国内几度泛滥，一些社会主义国家的演变，都向我们提供了极为深刻的教训。事实表明，整个社会和社会科学越是向前发展，就越需要马克思主义的指导；轻视和放弃马克思主义的指导作用，不仅社会科学难以有正确的发展方向，而且会

由于理论的混乱导致人们思想上的混乱，进而导致经济危机和社会动荡。对此，我们应该有清醒的认识，树立以马克思主义为指导的自觉观念。

马克思主义创始人曾经反复申明，他们的学说是进行研究的指南，而不是僵死的教条。我们党也一直强调要以科学的态度对待马克思主义，坚持马克思主义基本原理与中国具体实际相结合的原则。社会科学研究同样应当遵循这一基本原则，并为这一原则的实现做出自己的努力。一切有志于建设有中国特色的社会主义事业、有志于社会科学发展的社会科学工作者，都应该解放思想，实事求是，运用马克思主义的立场、观点和方法，深入研究现代化建设和改革开放中出现的新情况、新问题、新经验，做出新的理论概括，用以指导我们创造新生活的实践。为此，就要求我们努力掌握马克思主义这个强大的思想武器，提高运用马克思主义的水平。不这样，就不可能取得解决重大理论问题和实际问题的高质量的研究成果，不可能完成哲学社会科学所肩负的重大的历史任务。

“百花齐放、百家争鸣”的方针反映了科学、艺术发展的特点和规律，是繁荣科学、艺术事业的基本方针。毛泽东同志当年提出这一方针时曾说过，百花齐放、百家争鸣，就字面而言是没有阶级性的。不同的阶级、不同的人们都可以利用它。但从实质上说是有阶级性的。他强调执行“双百”方针，最重要的是要坚持社会主义道路和党的领导。邓小平同志、江泽民同志都强调，贯彻执行“双百”方针，必须以坚持四项基本原则为前提。这都表明，“双百”方针有着十分明确的社会主义的现实内容，是繁荣社会主义科学、文化事业的方针，而不是别的什么方针。前些年，坚持资产阶级自由化立场的人一方面抹杀“双百”方针的阶级内容和社会主义目的，打着“双百”方针的旗号反对社会主义、马克思主义；另一方面竞相鼓噪，蛮横压制批评意见，肆意破坏科学的、实事求是的学术空气。鉴于以往的经验教训，今后在贯彻执行“双百”方针方面要注意以下几点：

第一，要在坚持四项基本原则的前提下，努力创造勇于探索和创新的活跃气氛，发展学术自由，提倡不同学术观点的争鸣和切磋，形成立足国情、尊重事实、服从真理、平等讨论的良好风气。对于确属否定四项基本原则的资产阶级自由化观点，不仅不能任其自由发表，而且要进行批判。

第二，要正确开展批评和自我批评。学术上不同观点和意见的讨论，即争鸣、辩论，本身就包含着互相批评。既要允许批评，又要允许反批评，还应有自我批评。没有批评和自我批评，也就谈不上真正贯彻“双百”方针。在探索过程中难免出现失误，要允许犯错误，提倡勇于纠正错误。对于明显错误的观点，马克思主义者应该发扬批评和战斗的优良传统，敢于坚持真理，用科学的态度对错误观点进行有说服力的剖析。

第三，要尊重实践。实践是检验真理的唯一标准。不同观点的是非如何，都应当在实践面前接受检验，在实践中求得一致和发展。必须防止和克服脱离实践、主观自夸、盛气凌人的不良现象。

第四，要认真实行团结的方针。团结党内外一切有志于马克思主义的学术工作者，还要团结一切爱国的非马克思主义的学术工作者，鼓励和支持他们在科学研究中做出对人民、对社会主义中国的繁荣昌盛有益的成果。

四　加强领导，改善条件，建设宏大的哲学社会科学研究队伍

哲学社会科学要进一步发展和繁荣，更好地为建设有中国特色的社会主义服务，除了要坚持正确的方向以外，还有一系列的问题需要研究和解决。

（一）加强领导，改进管理，协调和组织好社会科学研究力量

邓小平同志曾经明确要求："从中央起，各级党委一定要把思想理论工作放在正确轨道和重要地位上。"各地党委及其宣传部门要认真贯彻这一指示，切实加强对哲学社会科学研究工作的指导，重视发挥哲学社会科学队伍的作用。要从实际出发，制定和执行好哲学社会科学研究的中长期规划和年度计划。对于已经立项的重点研究课题，要加强检查，加强后期管理。建设有中国特色的社会主义实践中重大问题的研究，往往需要多学科、多方面的力量才能完成。因此，对一些重大的综合性的研究课题，要组织力量进行攻关，力求拿出高水平的、有创见的成果。要通过协作把社会科学各方面的力量很好地组织起来，努力改变科研机构和课题重复分散、研究力量"形不成拳头"、研究工作在低水平上徘徊的状况。各级实际工作部门要加强同社会科学界的联系，提出课题，提供方便，相互协作，共同研究。

（二）改善条件，加强科研资料、设施方面的建设

社会科学研究需要一定的物质条件。随着经济、科技的发

展，这方面的要求越来越高。现在对现实问题的研究，经费缺乏，信息不灵，收集资料困难，手段、方式也较落后。要注意信息、资料网络的建设，充分发挥信息、资料在研究中的作用。要坚持和落实党的知识分子政策，尊重知识，尊重人才，在政治上关心、爱护社会科学工作者，努力改善他们的工作条件和生活条件，以充分调动和发挥广大社会科学工作者的积极性和创造性。社会科学研究需要国家给予一定的资金支持。“七五”期间，国家财政累计拨付专款5500万元，以重点课题基金、社会科学基金和青年社会科学基金三种形式支持了2033项课题研究。与此同时，有22个省、自治区、直辖市的地方财政，也以社科基金形式投入了1665万元，支持了2672项课题研究。今后，还要争取国家每年再增拨一些，同时也多渠道筹集一些，扩大社科基金来源。要通过搞好社科规划和基金管理工作，把现有的资金分配好、使用好，使有限的资金发挥更大的效益。

（三）加强哲学社会科学研究队伍的建设

社科队伍主要分布在5个系统：社科院系统、高校系统、党校系统、军队系统以及党政机关内的一些研究机构。这支队伍，在过去的十多年中，积极从事社会科学研究，为社会主义现代化建设和改革开放事业做出了贡献，党和人民对广大社会科学工作者是信赖的。同时也应该看到，在这支队伍中，仍然存在着一些问题，以致我们的社会科学研究落后于实践的发展。与哲学社会科学面临的形势任务相比，与建设有中国特色的社会主义要求相比，与党和人民对社会科学研究的期望相比，还有许多不相适应的地方，存在着较大的差距。另外我们的队伍还存在着后继乏人，特别是学科带头人匮乏的问题。能不能解决这些问题，能不能把队伍建设好，已经成为发展和繁荣哲学社会科学的一个关键问题。

加强哲学社会科学队伍建设，最重要的是提高广大社会科学工作者的政治理论和专业素质，提高他们分析、研究、解决理论和实际问题的能力。社会科学工作者，要想在研究中有所建树，就应具备运用马克思主义立场、观点和方法的基本功，运用本学科的知识以及有关的自然科学知识的基本功，深入实际调查研究的基本功。要引导和组织广大社会科学工作者认真学习马列主义、毛泽东思想的基本理论，站在人民的立场上观察和分析各种社会问题。哲学社会科学研究不能只关在房子里进行，要深入到社会实践中去，深入到现代化建设和改革开放的大潮中去，在实践中开拓创新，并在这个过程中弥补自己在思想政治方面和科学文化知识方面的不足。还要提倡社会科学工作者更多地掌握现代自然科学知识。要通过理论与实践的结合，不断提高分析问题和解决问题的能力。要特别注意培养良好的学风，向老一代社会科学家学习，脚踏实地，潜心研究，消除种种空泛、飘浮的不良学风。那种从概念到概念、脱离实际的研究，那种只求出书发文章、不问是否有用的研究，那种或东抄西凑或哗众取宠、不下苦功夫的研究，都是不可取的。社会科学工作者如果沾染上了这类不良学风，就不会取得有价值的成果。

加强社会科学队伍建设，特别要重视跨世纪的优秀人才的培养。无论是从意识形态部门的领导权要掌握在忠于马克思主义的人手里这一要求来看，还是从社会科学事业本身的发展来看，都需要抓好这件具有战略意义的大事。培养新一代社会科学工作者，既要组织年轻同志认真学好马列主义、毛泽东思想的基本理论，又要引导和组织他们走与工农相结合，与实践相结合的道路。对一些经过锻炼和考验的优秀中青年，要给他们压业务担子，支持他们承担一些重要项目和任务，使他们尽快成长为研究骨干和学科带头人。另外，还应当注意从其他战线发现和选拔研究人才，充实和扩大社会科学研究队伍。

党和国家对哲学社会科学战线寄予厚望，人民也期待着我们做出新的成绩和贡献。意识形态工作部门，社会科学研究部门和广大社会科学工作者，应当进一步明确自己的责任和使命，在建设有中国特色的社会主义的目标下团结起来、振奋起来、行动起来。尽管我国在前进的道路上还会遇到这样那样的问题和困难，哲学社会科学发展也受到一定物质条件的制约，但是，目标已经明确，道路已经开通。让我们共同努力，做出更多、更好的成果，促进哲学社会科学的发展和繁荣，为建设有中国特色的社会主义而奋斗。

（载《红旗》杂志 1992 年第 2 期，《人民日报》《光明日报》1992 年 1 月 25 日）

1993年度院工作会议闭幕时的讲话

（1993年2月25日）

根据会议的日程安排，结束时让我讲几句话。我刚来没几天，情况了解得很少很少，要讲话实在很难。我想简短地讲三点：

一 这次工作会议是开得好的

这样说的根据有三条：

1. 工作会议主题确定得对。胡绳同志在工作报告中讲，我们这次会议是要继续贯彻落实十四大精神，充分调动全院研究人员、干部、职工的积极性，深化体制改革，围绕科研工作的主攻方向部署今年的工作，努力做出高水平的研究成果，为建设有中国特色的社会主义做出新的贡献。会议开得好不好，主题选得对不对至关重要。现在看来，主题是选择得对的。

2. 对于胡绳同志代表院党委、院务会议作的工作报告和院里提出的深化改革意见，在讨论中大家提出了一些意见和建议，虽然还有不满意的地方，但总的来说，大家给予肯定的评价。对于胡绳同志报告中对上次院工作会议以来社科院工作成绩的估计，对我院改革的指导思想，对今年要做好的五个方面的工作，大家是赞成的，认为是“符合实际的”“正确的”“务实的”。对《关于我院深化改革的意见》，绝大多数同志认为，方向、思路、原则、基本内容是“正确的”“切实的”，“有所突破、又比较稳妥”。因此可以说，我们院今年的工作部署得到了大家的认可，工作有了遵循。

至于讨论中提出的意见，院党委要认真地研究、听取。院部各职能局首先要对会议上提出的各种各样的意见，进行分类的、专门的研究。关于科研方面的，由科研局研究；关于人事工资方面的，由人事局研究；有关外事方面的，由外事局研究；有关行政管理方面的，由管理局研究；有关开发创收方面的，由院开发创收领导小组研究。要一条一条地研究。对的、可行的，或者是基本可行的，就吸取，并且进一步具体化；做不到的，或者不可取的，也要做出说明，是由于什么原因、什么理由，现在还做不到或者还没法做，总得有个交代。在研究过程中要继续听取大家和有关同志的意见，提出一个看法来，哪些行，哪些不行，交院党委和院务会议讨论确定。

3. 会议的气氛是积极进取的。在小组讨论和大会发言中，大家谈到社科院工作中遇到许多困难，存在许多问题。比如，经费投入不足，人浮于事、优胜劣汰机制没有形成，人才青黄不接等。这些都是多年来存在的问题。也谈到一些新的问题，比如在建立社会主义市场经济体制过程中有些同志不想在社科院干了，这种情况将来可能还会发展。同志们谈到的许多新、老困难和问题都是客观存在的。重要的是，在谈这些困难和问题的时候，大家都希望能够解决它，并且提出了很多积极的意见和建议。也就是说，同志们采取的是一种积极的态度，而不是消极的态度。问题和困难是处处有、年年有的，也可能社科院比有些单位更多一些，重要的是采取什么样的态度来对待问题和困难。态度不一样，结果就大不一样。如果消极、泄气，那么就必定会被困难所压倒，就没有希望；如果积极进取，就有可能解决一些问题。会上表现出来的积极进取的精神是可贵的。

根据以上三条，我觉得这次会议是开得好的。如果还要说一点感受，就是会务工作组织得不错。有同志反映，社科院的办事效率比较低。我觉得，可能有效率低的方面，但也有高的。会议每天的《情况反映》，今天开完会，明天一早就能看到。根据我在小组中听到的意见和看到的《情况反映》，摘报的内容是比较准确的，可以说又准确又及时。做这个工作的同志团结协作，夜以继日。我们的会务人员、后勤人员辛苦了。

二　社会科学研究大有可为，社会科学院的研究工作应当有新的进步和发展

马克思主义指导下的社会科学研究，在建党以来的历史上曾经发挥过巨大的作用，这是大家熟知的，不用逐一列举，现在更面临着繁重的任务。我们正在从事的事业是建设有中国特色的社会主义，这在社会主义的发展史上是前所未有的伟大事业。大家都知道，十一届三中全会以来，随着改革开放和现代化建设的开展，积累了丰富的经验，同时也提出了许多崭新的问题，这就为社会科学研究提供了极为广阔的用武之地。理论总是由概括实践的经验而取得。实践没有发展，理论也难有大

的发展；实践发展了，理论的概括就应该及时跟上，并反过来指导实践。要以邓小平同志建设有中国特色的社会主义理论为指导，去总结和概括实践经验，探索社会主义初级阶段条件下的经济建设、政治建设和思想文化建设等方面的规律；要对在改革和建设中涌现出来的大量的新问题，给予科学的说明，提出解决问题的对策和思路；要对建设有中国特色的社会主义理论做出有说服力的阐述。既要以经济建设、改革开放的研究为主战场，又要注意实现社会科学诸学科的共同繁荣；既要大力加强应用研究、对策研究，又要重视基本理论研究，重视学科建设。研究任务涉及面很广，很繁重。社科院的研究工作，应当有新的进步和发展。

我们是有条件、有可能做到这一点的。社会科学院聚集了大量的研究人员，不但有国内外知名的、造诣很深的老专家、老学者，也有近些年涌现出的一批有成就的、崭露头角的中青年研究工作者。社科院有一支好的队伍。广大的研究人员，虽然生活清贫、待遇低、居住条件差（有的是极差），但甘愿从事社会科学研究，这是很可贵的。我参加经济片小组讨论时，有同志谈到要学习孙冶方的精神。孙冶方的精神重要的一条就是献身科学的精神。我想，在许多同志身上是有这种献身科学事业的精神的。我们要积极地从各方面想办法改善工作和生活条件，尽量减少大家的后顾之忧，为大家创造一个良好的科研环境。

我们院、所党政领导的责任，就是要全面地、坚定地贯彻执行以经济建设为中心，坚持四项基本原则、坚持改革开放的基本路线，认真执行党和国家有关发展社会科学事业的一系列方针、政策，包括理论联系实际，百花齐放、百家争鸣，等等，并努力改善工作和生活条件，把这支队伍更好地团结起来，把大家的积极性充分地调动起来，并很好地加以组织。院的领导要这样做，所、局领导也要这样做。这方面已经有了不少好的经验，还要想更多的办法把它做好。如果这样，社会科学院的研究工作是能够在原有的基础上有新的进步的，是能够出更多高水平研究成果的，是能够出优秀的人才的。

三　扎扎实实地推进我院的改革

同志们都指出，为了促进社会科学研究工作，提高科学研究水平，为了稳定、吸引各种人才，包括做研究工作的，做党政工作的，做后勤开发工作的，发挥他们的积极性，就必须改革。这是大家的共识。怎么改，现在有了一个初步的意见，尽管还不够具体，不够完善，但总是可以起步了。实际上，改革工作在一些单位已经开始了。这里，我想讲这样一些意思：

要像浦山同志昨天在大会发言中所讲的，各所有权改的事情，有权决定办的事情，就改起来，就办起来，不要等。各所的情况不一样，有的可以这样改，有的还不想这样办。所以，各所要根据自己的实际情况，对于那些自己权力范围内的事情，能办能改的事情就改起来、办起来，这方面有许多事情可以做。还有一些事情，像浦山同志讲的，所里认为是应该改应该办的，但是没有权决定的，那就主动地向院里提出来。我想，只要是合理的，院里又有权决定的，院党委、院领导是会鼓励的，是会支持的。各个所、各个单位，要按照院里深化改革意见的精神，尽快拟定出自己的改革方案，而且也要一边制定一边实施，不要等，更不要等着换届。如果那样，半年、一年一晃就过去了。总之，院里也好，所里也好，都要真抓实干，避免光是坐而论道。坐而论道是必要的，但不能光是坐而论道，更要起而行道，“一步行动胜过一打纲领”。我这里强调的就是“不要等”，大家想到的、能办的就要办起来。

在讨论中，有些同志认为我院深化改革的意见还不够具体，点子还不够多，步子还不够大。我想，这是有道理的。那么怎么解决？一是要依靠大家，现在这个《深化改革的意见》，是作为征求意见稿，发到全院讨论，请大家来出主意想办法，集思广益。然后院党委根据大家提的各种意见，也可能是互相矛盾的意见，再一个一个问题进行专门的过细的研究，权衡利弊，择其善者、择其可行者而从之，力求有所前进。二是要向外单位求教。向中科院，向国家教委、高等院校，向中央部委的研究单位，向地方的社会科学院等取经，看他们是怎么做的，采取了哪些办法，有什么经验教训。当然，这些单位的做法，不可能完全照搬。但总是可以学到一点儿东西，打开一些思路，找到一些可以借鉴的东西，甚至可以照着做的东西。原来没想到的或者原来不敢干的，了解了别的单位的情况以后，也许就开窍了，就敢干了。我建议院里要组织力量认真去做这项工作，所里也可以这样做。这样我们办法就可能有了，点子就可能多了，步子就可能大了。三是向中央、国务院要政策。有些事情我们认为应该办，应该改，但是院里无权决定的，要主动向国务院和有关部门提出来，努力争取他们的同意和支持。在科研机构、布局、科研力量调整方面，在科研管理体制改革方面，在人事工资制度改革方面，在开发创收方面，有些事情院里无权决定办的，就要抓紧争取国务院有关部门的批准。昨天龙永枢同志介绍了已经在争取的事项，还要继续争取，去办去做。要研究一下，到底要求国务院有关部门放什么权，批准哪些政策。希望大家提出具体意见，经过研究去争取。

改革是一个过程。建立和完善社会主义市场经济体制本身就是一个过程，而且不是短时间就能完成的过程。同建立和完善社会主义市场经济体制相适应，改革社会科学管理体制，当然也是一个过程，也不是短时间能够完成的。因此，既要解放思想、大胆试验，又要实事求是、扎实稳妥。有步骤推进，逐步完善。思想要解放，态度要积极，措施要切实，工作要做细，使我们的改革健康顺利地发展。

讨论中大家提了不少具体意见，许多意见我觉得是很好的。因为院党委、院务会议还来不及研究，我在这里不可能一一表态。我只讲这么一些原则性的意见，讲的对不对，请院党委同志考虑，请大家考虑，有不对、不正确的地方请纠正。

我刚到院里工作，能否胜任，并无把握。但有一点是肯定的，要做好工作就要谦虚谨慎，依靠党委全体同志，依靠院直属部门、各研究所的党政领导，发挥全院同志的积极性、创造性。我将努力和大家团结共事，依靠大家的智慧和力量，为办好社科院而努力！

（载《社会科学管理》1993 年第 1 期）

寄语青年*

（1993 年 5 月 14 日）

首先，代表院党委、院领导向被评为“优秀青年”的同志，也向获得“优秀青年”提名的同志表示祝贺，向获得中国近代史知识竞赛优胜奖的单位和人员表示祝贺。

听了几位优秀青年的发言，看了其他几位的材料，我觉得，他们在科学研究、行政服务和社会工作中做出了过得硬的、被大家承认的、良好的成绩，有生动的事迹。而这些成绩和事迹中，体现出了良好的思想品德，凝聚了艰辛的劳动，你们不愧为院“优秀青年”。你们身上表现出的热爱本职工作、献身科研和行政后勤工作的精神，表现出的把理论和实践相统一、面对实践提出问题、从实际出发创造性地开展社科研究的精神，表现出的刻苦钻研、辛勤工作的精神，都是值得大家学习的。

青年一代，是跨世纪的一代，21 世纪我国能不能强盛，青年一代起很重要的作用；社会科学院的研究工作，能不能发展繁荣，也有赖于青年。党的十四大报告中有一句话：赢得青年

---

* 在院优秀青年表彰会上的讲话。

才能赢得未来。从评选出的“优秀青年”身上可以看出，青年一代是能够担当起历史赋予的光荣而艰巨的使命的。从院“优秀青年”的事迹中，人们受到鼓舞，看到希望。

对被评为“优秀青年”及被提名为“优秀青年”候选人的同志及全院青年，我想借这个机会提几点希望。

第一，青年同志要以马列主义、毛泽东思想、邓小平同志有中国特色的社会主义理论来武装自己的头脑。这个话听起来是老生常谈，但它是真理，真理就不怕重复。党和国家的历史，正反面的经验，都说明：以马列主义毛泽东思想及邓小平同志的理论武装，我们的事业才能前进。我国在发展中遇到了良好的机遇，也面临严峻的挑战。我们取得了举世瞩目的巨大成就，但也存在着、积聚着大量不容忽视的复杂问题。要发扬已经取得的成绩，抓住机遇继续前进，在挑战中取得胜利，就要求青年掌握马克思主义的立场、观点和方法，确立科学的世界观、人生观，这样才能在风云变幻的复杂局势中有坚定正确的政治方向，有观察事物的正确方法，才能抵制各种不正确的东西的干扰、诱惑，不致走入歧途，也才能在业务工作中包括科研工作中取得良好的成绩。

第二，要有韧劲，有坚韧不拔的精神。被评为“优秀青年”的同志，在工作中已经取得了可观的成绩，但和你们今后可能取得的成绩相比，还是比较小的。还仅仅是开始。今后要做的事还很多，要走的路还很长。不能够取得一些成绩就停滞不前，不能在科学研究上浅尝辄止，否则就可能成为昙花一现的人物。要继续保持和发扬刻苦学习、辛勤工作的精神，否则总有一天要江郎才尽的。朱熹说：“问渠那得清如许，为有源头活水来。”要不断地有“活水”，就必须不断地学习，刻苦地钻研，不断地更新知识，提高自己的思想水平，这样才能保持泉水的清澈。

第三，要虚心，虚怀若谷。被评为“优秀青年”或被提名为“优秀青年”候选人，说明你们比其他青年有更多的长处和优点。但同时也要看到，你们还有不足的地方，还有缺点。没有被评为“优秀青年”或没有被提名的人，肯定有不如你们的地方，但我想他们肯定也有你们所不具备的长处和优点。看事情不能绝对。古人说，尺有所短、寸有所长。你们要更注意去发现大家身上的优点，注意发现自己身上的不足，向其他同志学习，吸取人家的长处，弥补自己的不足，这样就能不断提高，不断进步。

第四，希望“优秀青年”能吸引带动周围的青年同志一起前进。不仅自己保持“优秀青年”的种种优良品质，继续做出成绩，而且要带动大家一起前进，成为种子，成为酵母，使“优秀青年”越来越多，水平越来越高。

最后，党组织、行政领导要重视青年工作，关心、帮助、支持青年，使他们能够更快、更好地成长。这种关心、支持、帮助应表现在各个方面，包括政治上、工作上、生活条件上。要多做一些实事。一些研究所有很好的经验，如：组织青年开学术演讲会，请他们汇报自己的研究成果；让他们承担课题，给他们压担子，包括提拔到各级领导岗位上来。总之，要采取各种措施。促使青年更好地成长。

我就讲这些，不对的地方请大家批评。

（载《中国社会科学院通讯》1993 年 5 月 25 日）

防止腐败的侵蚀*

（1993 年 9 月 6 日）

中纪委二次全会就加强反腐败斗争，推进党风、廉政建设，进行了动员和部署，要求在近期内取得明显的阶段性成果。这里我提几点意见：

第一，反腐败是贯彻执行党的基本路线的必然要求，是集中力量进行经济建设的有力保证。我院的广大干部职工同全国人民一样，对腐败现象是深恶痛绝的；对腐败现象的滋长和蔓延是深感忧虑的，都期望党和政府开展的反腐败斗争能够取得成效。这次反腐败重点在党政机关，特别是党政领导机关。社会科学院不是党政领导机关，是个事业单位，但是我院并非与社会隔绝，社会上的一些腐败现象和不正之风也会侵蚀到我院。我们也要按照中央的精神，把反腐败、加强党风廉政建设作为一项重要工作。我们还应当研究，如何建立和完善反腐败机制，研究国外在反腐败方面的一些做法和经验。通过深入研究，向党和政府提出切实可行的对策、建议。

第二，领导班子要带头廉洁自律。反对腐败，端正党风，

---

* 在全院党员干部大会上的讲话。

要从领导干部做起。领导干部以身作则，率先垂范，下面的事情才好办。江泽民同志经常讲，上梁不正下梁歪，中梁不正倒下来。我院反腐败工作也应该首先强调领导干部廉洁自律。院党委要参照中央提出的廉洁自律的要求进行自查自纠，各所局领导干部也要自查自纠。院党委和各所局领导班子都要在认真学习的基础上，召开以反对腐败为专题的民主生活会，严肃认真地开展批评与自我批评，有则改之，无则加勉。

院领导的自查自纠工作要向上级领导机关汇报，各所局也要向党委写出关于自查自纠情况的报告。

第三，鼓励和提倡全院同志揭发检举贪污受贿、以权谋私等消极腐败现象和各种不正之风。加强党风、廉政建设，没有群众的监督是不行的。我院虽然不是领导机关，但也不是一点儿问题都没有。在举报时，有确凿证据最好，拿不出确凿证据提供线索也行。对揭发检举人决不准进行打击报复。当然，揭发检举也要实事求是，不能搞诬陷。

第四，对已经暴露出来的经济案件和所揭发出来的问题，院纪检监察部门要抓紧调查落实，并根据实际情况，实事求是地予以处理。在调查处理过程中，有关所局的领导、党组织务必积极予以支持和配合。

第五，加强制度建设。邓小平同志讲，反对腐败，一靠教育，一靠法制。要根据自查自纠和群众揭发出来的问题，制定我院院所两级领导干部廉洁自律的规定。院职能部门和各所要结合我院的实际情况，对现有的有关规章制度进行认真的分析研究，不完善的应尽快完善，还没有的应尽快建立。从制度上堵塞可能出现消极腐败的漏洞。

开展反对腐败、加强党风、廉政建设的工作，要实事求是，态度坚决，工作扎实，掌握政策。目前我院正在进行所局领导班子换届工作。要通过换届努力加强领导班子建设，不能因为换届而放松对于反对腐败、加强党风廉政建设工作及其他各项工作的领导。

（载《中国社会科学院通讯》1993 年 9 月 10 日）

1994年度院工作会议闭幕时的讲话

（1994年2月25日）

院工作会议开了四天，就要结束了。这次会议，是在院领导班子做了比较大的调整、所局领导班子换届以后召开的第一次院工作会议。对这次会议，中央和国务院的领导同志很重视。江泽民总书记、李鹏总理题了词，朱镕基、丁关根、李铁映同志来了信和电话，对我院的工作、对社会科学研究，提出了要求，寄予了厚望，对社科院广大职工是个鼓舞，对我们改进工作、发展社会科学研究是个有力的推动。胡绳同志代表院党委和院务会议做了报告，按照这个报告的精神，汝信、滕藤、永枢、永才同志分别就我院的科研、人事、对外学术交流和研究生培养、行政管理和后勤开发创收等方面的工作讲了意见，院职能部门也向大会提交了有关今年工作安排的书面材料，制定了一些规定、条例和办法。

从简报上看，大家赞成胡绳同志的工作报告，认为符合我院的实际，适应形势的要求，有改革创新精神，有明确的发展目标和方针，有可操作的措施。大家认为，切切实实地按照中央领导同志的指示、按照胡绳同志的工作报告去做，我们院是能够出现新气象、新局面的。

会议讨论中大家也提了许多意见，主要是怎么执行报告的一些具体的意见和建议。这些意见和建议会后要认真地研究，吸收到报告中去，体现到今后的工作中去。

胡绳同志的工作报告已经讲得很全面了，几位副院长又分别就各方面的工作讲了话，提出了落实的具体意见，所以我就没有多少话讲了。我想再强调几点：

一 明确方向，锐意改革

这次会议，大家之所以比较满意，主要因为这是一次明确方针任务和发展目标，致力深化改革、积极进取的会议。

我们院发展的方针任务是什么？在几位中央领导同志的指示中讲得很明确。江泽民同志在题词中指出："加强学习，总结经验，坚持理论联系实际，把中国社会科学院建设成马克思主义的坚强阵地。"江泽民同志这个题词是对社科院建院以来的经验总结，又指明了前进的方针、方向。社会科学院是中国共产党领导下的社会科学院，是直属于国务院的社会科学院，无疑应当成为马克思主义的坚强阵地。要成为马克思主义的坚强阵地，包含着很高的要求和丰富的内涵。它要求我们认真学习马列主义、毛泽东思想，认真学习邓小平同志建设有中国特色的社会主义理论，了解实际，包括各个学科研究的实际。它要求社会科学院不能让一些违反马克思主义基本理论的错误思想和观点侵蚀、泛滥，当社会上出现政治风波的时候不能从错误的方向卷进去。它更要求社会科学院以研究邓小平同志有中国特色社会主义理论为崇高使命，研究改革开放和两个文明建设中的重大理论和实际问题，研究社会科学领域中的重大问题，用正确的理论武装人，为党和国家的科学决策，为建设有中国特色的社会主义，提供更多更好的研究成果。

按照中央领导同志指明的方向前进，把崇高的使命担当起来，把交付的任务完成好，社会科学院就能够对我们国家的发展起积极的推动作用，就能够越来越受到党和国家的重视，受到社会的重视。我们常常要求人们重视，有时候还抱怨人们不重视，其实关键在自己。去年我刚到院里来，在院工作会议上引过一句话："天助自助者。"怨天尤人，无济于事，反求诸己，才能前途光明。

反求诸己，我们应该怎么行动呢？胡绳同志的工作报告，分析了社会科学面临的形势，分析了我们院的实际情况，针对存在的问题，提出了我院发展的战略目标、具体方针和今年就要起步的几项工作。这是我们今后五年乃至更长一段时间的行动纲领。

社会科学院承担的任务是很繁重的。既要继续重视基础研究，又要大力加强应用研究；既要在主攻方向方面不断取得进展，又不能忽视其他必须的研究。这里不能有这样或那样的片面性。任何一种片面性，都不利于社会科学的发展和繁荣，都会导致不能很好地为建设有中国特色的社会主义服务。这么说，决不是意味着社会科学领域中的所有问题都要去研究。如果那样，就必须把规模已是世界之最的中国社会科学院再扩大多少倍。这在现在固然没有条件这么办，就是将来也没有可能这么办。不但没有可能这么办，而且也不应该这么办。我们只能在客观条件允许的范围内做文章。

在学科建设上，无论是基础研究还是应用研究，无论是主攻方向还是其他方面，都要加强重点，突出重点，同时合理布局。也就是要有所加强，有所保持，有所舍弃。江泽民同志在今年 1 月 4 日就自然科学的前沿课题设置问题有个批示。他说，当今科技发展十分迅速，我们对于前沿的科技项目要有所赶、有所不赶，对于可以充分利用我们的长处或我们在这一领域已有相当积累，相对来说不需要巨大投资，而一旦突破可以带动产业革命的项目就应该赶，在稳住一头中也要抓住重点。江泽民同志虽然是对自然科学讲的，对社会科学院工作，这个精神也是适用的。有条件的、原来有优势的、有积累的而意义又特别重大的学科应该加强，其他学科则有所保持，有所舍弃。加强是积极的，保持和舍弃也是积极的，是实现加强所必需的。现有的摊子统统保持，一个也不舍弃，分散力量，拖下去，不但不可能形成新的优势，原有的优势也难以为继。

在人员结构上，要大力稳定和吸引优秀人才。同时要把不适合做研究工作的人员，把行政后勤、科研辅助方面的富余人员逐步地分流出去，使我们的队伍成为一支精干而又高水平的队伍。稳定和吸引高水平的人才是积极的，调整一部分人的工作，精简一些人也是积极的，会使这些同志在别的岗位上、别的单位里更好地发挥作用，更好地实现他们的价值。人总是各有所长，做这种工作不胜任，做别的工作就可能大显身手；在这个单位没多少事情可做，到别的单位可能就有了用武之地。对这样一些同志，也是为了更好地发挥他们的作用。

在学科布局、人才结构上即使做了这样的调整、改革，要完成社会科学院所承担的任务，还是不够的。于是我们提出，吸引院外甚至国外的学者来我院做研究，或者通过研究中心这类形式组织院内外学者共同进行研究。边疆史地中心在会上做了一个发言。他们共 16 个人，行政人员只有一人，但是因为他们是开放的，真正是一个研究中心，不但靠他们十几个人，而且吸引了院外的研究人员一起来研究，出了许多成果。他们的成果与他们的队伍比较起来，是相当大的。这是一个好的经验。

根据上面这些想法，胡绳同志的工作报告提出了我院发展的目标：建设成为一个学科布局合理而又重点突出的，队伍精干而又高水平的，开放而又充满活力的马克思主义的坚强阵地。经过会上的讨论，达成了共识。大家认为，选择这样的发展模式是正确的。

实现我院发展战略目标，就必须改革，不能墨守成规。要对现行的科研、人事、分配、行政、后勤方面的管理体制、管理办法进行改革，建立和完善竞争机制、激励机制、淘汰机制。工作报告中已经提出了方向性的意见。有关部门拟定了一些改革措施，经过党委和院务会议同意后已经提交工作会议讨论，在听取大家意见做适当修改后就要贯彻执行。已经提出来的、准备今年内实行的改革，步子不小，一一落实不是轻而易举的。一定要采取积极的态度，定下来的事情切实地付诸实施。要有所前进，在实践中不断探索，逐步加大改革力度，力争经过五年的努力，通过改革，为实现我院发展战略目标开辟道路，奠定一个比较好的基础。

二　坚定不移，狠抓落实

要落实好会议精神，必须坚定决心，面对困难，制定办法，稳步前进。

首先要坚定决心。对于我院只有改革才能发展，同志们的认识是一致的，是有决心的。但是一旦要动真格的，要将改革的蓝图付诸实施，是不是有决心，决心大不大，坚定不坚定，就不一定了。过去，对院、所存在的问题，同志们不是不知道，也不是不想解决。可真要解决，又顾虑多端，最后还是下不了决心，见不了行动。今后要避免只是原则赞成，而不实际行动。决不能把已经决定了的改革措施只停留在文件上、纸面上，而要把它变成行动，变成现实。院领导决心是坚定的，如果以后不坚定了，大家就批评、督促、帮助；如果所局领导的决心以后不坚定了，院里也要批评、督促、帮助。

对于各所符合中央方针和院工作会议精神的改革，我们一定坚决支持。这方面大家提了一些意见，说过去所里一改，有的同志就告状，院里就说再研究研究，弄得所里很被动。我们一定慎重地处理这一类告状的事情。同时我们也要求各所局领导对院里已经决定了的事情，务必坚决地贯彻执行，做到令行禁止，不要犹豫推诿。不仅如此，各所还应当发扬主动性、创造性。所里有了决心，院里没有决心办不成事；院里有了决心，所里没有决心也办不成事。大家一齐来下决心，上上下下，齐心协力。院、所两级有了共识，还要在广大职工中反复讨论，使大家都来努力，朝着目标前进。

其次要面对困难。要按照办院方针实现发展目标，在改革的道路上必然会遇到困难，遇到阻力。有的是由于客观条件的限制而来的，有的是因为触及人们的利益而来的。困难是相当大的，要有足够的估计。不承认实际存在的困难不是唯物主义者。我们要有承认困难的科学态度，更要有战胜困难的勇气和魄力。要直面困难，做知难而进的改革者，而不能知难而退，临阵退缩。克服了困难，就“柳暗花明又一村”；不去克服困难，我们将面临更大更多的困难。

再次要制定办法。有了决心，有了克服困难的勇气和魄力，还要有切实可行的实施办法。否则决心和勇气也要落空。今年要进行的改革，前面已经讲了，步子不小，但还不是全面的、配套的、完善的。要组织力量，对我院的改革进行专题研究，提出全面的、具体的方案。要倾听广大职工的意见，倾听专家学者的意见，充分地论证，使改革方案具有科学性和可行性。当然，讨论也不一定都一致，只能择其善者而从之。只要基本合理，大多数人赞成，就定下来实行。在实行过程中，不断改进，不断完善。

最后要稳步前进。改革既要坚决积极，又要慎重稳妥，精心组织，有步骤、有秩序地进行。不讲稳妥，不讲有步骤，就可能出事。不能指望在两三年内就把应兴应革的事情都办成，只要能做到年年有进步就不错。今年要有一个好的开端，要在有些点上有所突破。院里要这样做，各所局也要这样做。力争今年有个小变化，三年有比较大的变化，五年有更大的变化。在这届领导班子期满时，使院的工作上一个新的台阶。

三　对所的班子提几点希望

我们完成了所局领导班子的换届，同时完成了向党委领导下所长负责制的过渡。实践证明，实行党委领导下的所长负责制是正确的。要总结经验，巩固完善这个制度。所党委要成为坚强的领导集体。要在这届任期内，做出成绩，不负重托，不负众望。这里提几点希望：

1. 加强学习，总结经验。所党委首要的职责是坚持正确的政治方向和理论学术方向。为此必须像江泽民同志指出的那样，加强学习，总结经验。要学习马克思主义的基本理论，学习邓小平同志建设有中国特色社会主义的理论。《邓小平文选》三卷不是学一次就行的，要继续深入地学。三卷中关于意识形态、关于宣传战线的工作、关于社会科学方面的论述是很多的，内容丰富，十分精辟。我们要掌握好它的精神实质，并且联系实际思考一下，过去做的哪些是符合的，哪些是不符合的，有什么经验，有什么教训。认真学习，认真总结经验，就一定能够提高政治思想水平，提高执行党的基本路线的自觉性，提高执行党在社会科学研究领域中各项方针政策的自觉性，保证方向的正确。

2. 勤政廉政，锐意进取。中央和院党委关于廉洁自律的规定要严格执行。古人云："公生明，廉生威。"清正廉洁，严以自律，说话才有人听。所领导要治所，有些活动、会议、出访，可参加可不参加的尽量少参加，可去可不去的尽量少去，腾出时间来抓科研，抓改革，抓人才培养，特别是中青年培养。所党委要认真实行民主集中制，大事由党委讨论决定，所长在党委领导下充分履行自己的职责。一届任期五年，似乎很长，但是不抓紧，一晃就过去了。没有开拓精神、创新精神，不抓住时机、扎实工作，就难以取得明显的成绩。希望新的领导班子在部署今年工作的同时，也要考虑、研究五年任期内抓些什么实事。要立下一个志愿，到任期结束时，自己也好，群众也好，都认为不虚此任，的确使所里工作出现了新的局面，上了新的台阶。

3. 团结一致，依靠群众。新的领导班子要努力搞好党政之间、领导班子成员之间以及干部和群众之间的团结。党委书记和所长要做团结的模范。一班人中间在工作上有不同的意见是正常的，那就多沟通、多交换意见，以求取得一致，即使不一致也不要形成疙瘩。要互相信任，互相理解，互相支持。不但领导班子要团结，而且要把全所的同志都团结起来。不但要团结和自己意见一致的人，还要团结和自己意见不一致的人，团结反对过自己并且反对错了的人。职工之间有矛盾，有纠葛，要做化解工作，减少内耗。处理事情要公道，不能有亲疏之分。领导要联系群众，有事多同群众商量，听取大家的意见，发挥大家的积极性、主动性。总之要创造一个安定和谐，团结融洽的环境，使人们能够专心致志、心情舒畅地工作。

4. 加强思想工作，树立良好的风气。党委要做思想工作，书记要做，所长也要做。要组织大家学理论，学邓小平同志的著作，这是一项根本的思想政治建设。要提倡用马克思主义的立场、观点和方法研究问题，提倡刻苦严谨的学风，引导大家老老实实地做学问。要做好细致的思想工作，保证各项改革的顺利推进。在新的形势下，在社会科学院这样的单位，怎样结合科研、结合改革、结合各项工作，做好思想工作，有待大家努力去探索，希望能够创造出好的经验，取得好的效果。

（载《社会科学管理》1994 年第 1 期）

研究和宣传建设有中国特色社会主义理论*

（1994 年 10 月 23 日）

今天，中国社会科学院系统的部分专家、学者在一起聚会，学习、研究邓小平同志建设有中国特色社会主义经济理论。我代表中国社会科学院，向应邀与会的专家、学者表示热烈欢迎！

大家知道，以毛泽东同志为代表的中国共产党人，坚持把马克思主义的基本原理同中国革命的具体实践相结合，创立了毛泽东思想。在它的指引下，我国人民经过艰苦卓绝的斗争，取得了新民主主义革命的胜利，进而进行社会主义革命，建立起社会主义制度。这是中国共产党人、毛泽东和他的战友对中国社会的发展、对人类社会的发展做出的永垂青史的丰功伟绩！在社会主义制度建立以后，在中国这样一个贫穷落后的国度里应该如何建设社会主义？这是中国共产党人面临的新课题。以毛泽东同志为核心的中国共产党第一代领导集体，曾领导全党和全国人民独立自主地进行过艰苦探索，积累了许多的

---

* 在邓小平经济理论研讨会上的讲话。

正确认识、丰富的正反经验，取得了巨大的实际成就。但由于各种客观、主观因素的制约，这一课题没能亦不可能完全解决。十一届三中全会以来，邓小平同志把马克思主义基本原理与当代中国实际和时代特征相结合，科学地总结了国内国际社会主义建设的正反历史经验，以巨大的政治勇气和理论勇气，既继承前人，又突破陈规，回答了中国这样一个经济文化较为落后的国家如何建设社会主义、如何巩固和发展社会主义的一系列基本问题。建设有中国特色社会主义理论，是毛泽东思想的继承和发展，是我国改革开放和社会主义现代化建设事业的伟大旗帜，是我国民族振兴和发展的强大精神支柱。

党的十四大明确确定，用邓小平同志建设有中国特色社会主义理论武装全党和全国人民。这是推进改革开放和社会主义现代化建设的迫切需要，是坚持党的基本路线不动摇的根本保证。广大社会科学工作者，应当把学习、研究和宣传建设有中国特色社会主义理论的崇高历史使命切实地担当起来。

在建设有中国特色社会主义理论中，经济理论处于突出的、显著的地位。在新民主主义革命时期，摆在历史前进道路上的根本任务是推翻三座大山的压迫和统治，夺取政权。同这种情况相适应，工农武装割据，用农村包围城市，最后夺取城市的革命道路，以及相应的指导革命战争的战略和策略，在毛泽东思想中处于极为突出的显著地位。在社会主义制度确立以后，摆在历史前进道路上的根本任务、首要任务、中心任务是发展生产力。改善广大人民群众的物质生活和文化生活，发挥社会主义的优越性，巩固社会主义制度，为共产主义创造物质基础；巩固党领导的人民民主政权，发展各族人民的大团结，保持社会的稳定；解决香港、澳门、台湾问题，实现祖国的统一；在激烈的国际竞争和斗争中取得胜利，维护国家独立和民族尊严，对人类做出更大的贡献；等等。这些目标的实现都离不开并都有赖于生产力的发展、国民经济的发展。同社会主义的根本任务是发展生产力相适应，在建设有中国特色的社会主义理论中，如何把社会主义的经济建设搞好，处于极为突出、显著的地位。因此，学习、研究有中国特色社会主义理论，就应该花大力气、下苦功夫去学习和研究它的经济理论。

邓小平同志建设有中国特色社会主义经济的理论，内涵十分丰富。邓小平同志认为，发展我国经济，实现社会主义现代化，不能照搬别国的经验和模式，必须从中国的国情出发，切合中国的实际，走自己的路。他尊重群众的首创精神，密切注视实践提出的新情况、新问题、新经验，并及时地予以概括，设计和指导着我国改革开放和现代化建设的伟大事业。他所提出的一系列观点，发前人所未发。他提出：革命是解放生产力，改革也是解放生产力，是又一次革命，判断改革的成败要以三个是否有利为标准；要坚持以公有制为主体的经济，同时发展个体、私营经济、三资企业；允许一部分地区、一部分企业、一部分人由于辛勤努力成绩很大而先富起来，同时又不能导致两极分化，而是为了带动越来越多的人富裕起来，达到共同富裕的目的；如果出现了百万富翁，出现了资产阶级，改革就走上了邪路；计划和市场都是手段，不是社会主义与资本主义的本质区别，资本主义也有计划，社会主义也有市场。依据这些观点，我们党确定了经济体制改革的目标是在坚持公有制和按劳分配为主体，其他经济成分和分配方式为补充的基础上建立社会主义市场经济体制。邓小平提出，我国建设主要靠自己，自力更生，同时必须对外开放，要发展同世界各国的经济贸易关系，吸取外国的先进技术和管理经验，要引进外资，创办经济特区，开放沿海城市，不断扩大对外开放地域。邓小平提出：分三步走基本实现现代化的发展战略；国民经济隔几年要上一个台阶；中国经济要发展，首先要看农村能不能发展，农村经济要经历两个飞跃；经济发展必须依靠科技和教育，科学技术是第一生产力，要尊重知识、尊重人才；要两手抓，一手抓物质文明，一手抓精神文明，不加强精神文明建设，物质文明建设也会被破坏、走弯路。这些相互联系、相互贯通的基本观点构成了建设有中国特色社会主义经济理论。

在建设有中国特色社会主义经济理论的指引下，我国社会主义社会的生产力有了迅速发展，综合国力有了很大增强，人民生活水平有了显著提高。在 80 年代和 90 年代初，西方主要国家的经济，陷入长期的滞胀和萧条；一些原来的社会主义国家或者由于不改革，或者由于改革走入歧途，葬送了社会主义，国民经济、人民生活水平大幅度下降。唯有社会主义中国独辟蹊径，“风景这边独好”，犹如灿烂的明珠，大放光芒。我国国民经济持续十几年的高速发展，令世界瞩目和震惊！实践是检验真理的唯一标准。15 年改革开放和现代化建设的实践证明，邓小平同志在经济领域提出的一系列根本性的创造性的新思想和新观点，是党和人民珍贵的精神财富。

我国的改革开放和社会主义现代化建设事业正在发展，新的情况、新的问题层出不穷。同任何理论都不可能穷尽认识一样，建设有中国特色社会主义经济理论还要进一步拓展和深化。我们务必在准确、完整把握这一理论的精神实质的基础上，密切结合改革开放和现代化建设实践提出的新情况、新问题和新经验，多侧面、多层面地对这一理论和每一个构成方面，以及对诸构成方面之间的内在联系，进行深入探讨，使建设有中国特色社会主义经济理论的一系列基本观点得到具体的阐述和充分的体现，为党和政府的决策提供理论支持和政策建议。我们一定要解放思想，实事求是，勤于思索，勇于创新，认真总结新鲜的实践经验，提出真知灼见，为丰富和拓展建设有中国特色社会主义理论，包括它的经济理论，做出更大的贡献。

预祝这次研讨会圆满成功！谢谢大家！

（载《中国社会科学院通讯》1994 年 11 月 18 日）

加强和改进基层党支部建设*

（1994 年 10 月 31 日）

今天，全院近 300 个党支部书记和所党委书记、所党办主任聚集在一起，交流经验，共同研究做好支部工作，这在我院的历史上还是第一次。借这个机会，我代表院党委向在座的支部书记，向从事这项无名无利又要任劳任怨工作的同志们致以崇高的敬意！

大家知道，面对复杂多变的国际形势，面对繁重艰巨的国内改革和建设任务，我们的理论水平、领导水平、执政能力，特别是驾驭社会主义市场经济的能力，都需要进一步提高。党在思想上、组织上和作风上都存在着许多不容忽视的问题，亟待解决。早在 1989 年 6 月 9 日，邓小平同志就指出："我们这个党该抓了，不抓不行了。"正是考虑到这种状况，四中全会以党的建设作为主题来讨论，并且做出了《中共中央关于加强党的建设几个重大问题的决定》（以下简称《决定》）。《决定》要求我们认真研究和解决自身建设中遇到的新矛盾和新问题，努力把党建设成为用建设有中国特色社会主义理论武装起来，

---

* 在全院基层党支部建设工作会议开幕式上的讲话。

全心全意为人民服务，思想上、政治上、组织上完全巩固，能够经受住各种风险，始终走在时代前列的马克思主义政党。这是《决定》向全党提出的要求，是党的建设的总体目标。中国社会科学院党的建设工作当然也必须按照这个要求，朝着这个目标前进。

社会科学研究从整体上讲属于意识形态范畴，许多学科有很强的政治性和党性。要保证社会科学研究工作在马克思主义指导下沿着正确方向开展，要保证把中国社会科学院建设成为马克思主义的坚强阵地，要保证使我们的研究成果能够有利于而不是有害于建设有中国特色社会主义的伟大事业，那就必须加强党的领导，加强党的建设。否则，马克思主义的指导、马列主义的坚强阵地、为建设有中国特色的社会主义服务，恐怕都会落空。所以，对我们院来说，加强党的建设工作十分重要。要根据《决定》的精神，分析我们党的建设工作的状况，有什么经验，存在什么问题；然后有针对性地提出切实可行的措施，把《决定》提出的各项要求具体化，真正落到实处。不能是中央做出决定，我们开个会传达就完了，而是要真正结合实际来研究，到底如何贯彻《决定》的精神，怎样加强党的建设。

应当说，在党中央、国务院的领导下，这几年我院党的建设是有成绩的，是不断前进的。主要表现在这么几个方面：

第一，认真组织学习建设有中国特色的社会主义理论，增强了贯彻执行党的基本路线的自觉性。

自从《邓小平文选》第三卷出版以来，我院各级党组织认真组织全体党员学习、研究。院、所两级党委都成立了“中心学习组”，健全了学习制度。院党委举办了三期共有 150 多名所、局级干部和院领导参加的读书班。各单位党委组织了学习心得交流会等多种形式的学习活动。通过学习，同志们加深了对社会主义现代化建设规律的认识，提高了坚持以建设有中国特色社会主义理论和党的基本路线指导科研工作，努力把我院建设成为马克思主义坚强阵地的自觉性。

第二，建立、健全了党委领导下的所长负责制，加强了党的领导核心作用。

根据社会科学研究工作的性质、特点和我院的实际情况，遵照中央的决定，从1990年开始，我院推行党委领导下的院长、所长负责制。1991年，院党委制定了《研究所党委会工作条例》（暂行）（以下简称《条例》）。今年又对《条例》作了修订。这是我院领导体制改革的一件大事，也是加强党的建设的一件大事。两年多来的实践证明：这种体制对于研究所加强党的领导、保证社会科学研究工作和其他各方面工作的健康发展，发挥了重要作用。

我们坚持党员干部脱产轮训制度，院党校已经举办了七期党员干部培训班，培训了处以上党员干部193人。在纪念中国共产党成立73周年大会上，院党委表彰了优秀党员、先进基层党支部和优秀党务工作者。我们有不少党支部是能够起到战斗堡垒作用的，有许多党员是发挥了先锋模范作用的。

第三，认真抓好党风和廉政建设。

我院各级党组织及时组织广大党员认真学习邓小平同志关于端正党风、加强廉政建设的重要论述，贯彻中纪委关于反对腐败、加强廉政建设的决定。处以上干部特别是所局级以上领导干部（包括院领导），进行了认真的自查自纠，也发动群众，对处以上干部提意见。有个别违法乱纪的，一经发现，就依据党纪国法进行严肃处理。

但是，应该看到，我院党的建设工作存在着不容忽视的问题。

在思想建设方面，一些党员对学习掌握马克思主义、毛泽东思想，学习掌握建设有中国特色社会主义理论的积极性不那么高，不那么重视，好像对于进行科学研究，是可有可无的，不把它当作搞好科学研究必需的、基本的条件；有些党员长期不参加政治理论学习。还有些党员及党员领导干部，对在社科院这样一个意识形态的研究单位，加强和改善党的领导的必要性和重要性认识不足；有的党员党性观念淡薄，放松了对自己的要求，把自己视同于一般群众；有的党员受错误思潮的影响，发表了一些带有不健康倾向，甚至与四项基本原则相违背的著作、文章和言论，不但在大陆发表，有的还弄到香港去发表。

在组织建设方面，有些单位的领导班子不能很好地贯彻民主集中制的原则，民主不够和集中不够这两种情况都有；批评和自我批评这一重要武器没有得到很好运用，党员的监督作用没有得到很好发挥；对怎么抓好党支部工作研究不够、指导不力。有些党支部处于软弱涣散的状态。

在作风建设方面，有的党员领导干部密切联系群众、倾听群众呼声不够，影响了本单位的凝聚力；有的党员领导干部不注意维护领导班子的团结，影响了本单位工作的顺利进行；有的党员抵制不住拜金主义、享乐主义和个人主义思想的侵蚀，搞不正之风，有的甚至贪污受贿，参加非法出版活动，参加制黄贩黄的活动。

对于我院党的队伍在思想上、组织上、作风上存在的上述问题，要给予高度重视。要通过加强党的建设，努力加以解决。为此，院党委、所党委要建设好、工作好；同时，要加强基层组织建设，把基层支部工作做好。

《决定》指出：“基层组织是党的全部工作和战斗力的基础，担负着直接联系群众、宣传群众、组织群众、团结群众，把党的路线、方针、政策落实到基层的重要责任。”院、所党委，要把加强党支部的建设，作为加强党的建设的基础性工程；把对基层党支部工作的经常性指导，作为日常工作的重要内容。

党的基层组织建设到底怎么搞才好？《决定》提出了党的基层组织建设的四条指导方针：第一条是“必须紧紧围绕党的基本路线，为党的中心任务服务，用完成本单位任务的实际效果来检验基层党组织的工作”。对我们来说，就要把科研工作以及其他各方面的工作做得好不好，作为检验我们党组织工作做得好与不好的标准。第二条是“必须用改革的精神研究新情况，解决新问题，运用已有的成功经验并进行革新和创造，改进基层党组织的活动内容和工作方式”。我院党的基层组织建设，也要进行革新和创造，要改进活动的内容和工作方式。第三条是“必须严格党内生活，严肃党的纪律，弘扬正气，反对歪风，保持党员队伍的先进性和纯洁性，增强基层党组织解决自身矛盾的能力”。凡属于基层党组织、党员范围内的一些问题，一定要增强自身解决的能力。不是绕开问题走，不应该上交矛盾。第四条是“必须立足于经常性工作，常抓不懈，既要制定切实可行的长期规划，又要抓紧解决当前的突出问题”。我想，这几条指导方针指明了基层党支部建设怎么加强、怎么改进的方向。这次会议要认真研究怎样贯彻这四条方针。希望大家开动脑筋，总结经验，针对存在的问题和面临的困难，提出措施。能够提出若干条办法，那么这次会议就算是成功的。

在研究如何加强支部工作的时候，我想有两个情况要考虑到：第一，我们是研究单位，知识分子多，而且是知识水准高、层次高的知识分子，这是一个特点；第二是科研人员不是天天来上班的，一个星期只来一两次。要研究这两种情况给支部工作带来了什么样的任务？有什么样的有利条件和不利条件？怎么才能适应这种情况做好支部工作？这些是支部建设所遇到的特殊问题，希望大家好好研究。

支部书记和支委处在党的基层工作的第一线，有许许多多细致的工作要做，任务很重，难度也不小。认真做支部书记的工作，是要花时间和精力的，而支部书记又都是兼职的，这方面的工作，又不属于科研，不算研究成果。无名无利却需要任劳任怨。常言讲："吃的是草，挤的是奶。"做支部工作，"草料"也不增加，"奶"却要求多挤些。做支部工作，在这个岗位上无偿地做贡献，在过去是天经地义的，是不成问题的，谁叫你是党员呢？谁叫你被选作支部书记呢？可现在却成了问题。要做好支部工作，希望支部书记要有牺牲精神，有奉献精神，有为人民服务的精神，增强做好支部工作的责任心。只有这样，才有可能去研究问题、改进工作方法，这是一方面。

另一方面，各单位的党政领导，也要理解支部书记，要在工作上支持他们，在生活上关心他们，帮助他们积极地开展支部工作。有些问题，光靠支部书记，确实解决不了。所以，要求各所党政领导，对支部工作、对支部书记的工作，要支持、要帮助，生活上也要关心。

我想，支部书记有一种做好支部工作的责任心；领导也关心他们，支持他们。有了这两者的结合，才有可能改进我们的支部工作。

（载《党的工作通讯》1994年第6期）

一颗圣洁的赤子之心

——纪念胡乔木*

（1994 年 12 月 23 日）

由中央文献研究室、中央党史研究室、当代中国研究所和中国社会科学院共同主办的《胡乔木回忆毛泽东》和《胡乔木文集》三卷出版座谈会，现在开始。

在毛泽东主席诞生 101 周年的前夕，举行这个座谈会，是对毛主席的纪念，对毛泽东思想的研究和宣传，也是对胡乔木同志的纪念。

在这里，让我们对杰出的马克思主义理论家胡乔木同志表示深切的怀念；对乔木同志的夫人谷羽同志不久前因病逝世，表示深切的哀悼。

正如有位老同志所讲的，没有毛泽东的直接引导培育，就没有如今的胡乔木。乔木同志对毛主席有深厚的感情，毕生为整理毛主席著作，为正确阐述和发挥毛泽东思想做出了独特的卓越贡献。乔木同志把一生中最后的全部精力投入《回忆毛泽东》一书的编写中。他期望通过这本书，写 40 年代毛泽东思

---

* 在纪念胡乔木座谈会上的讲话。

想的发展，写毛主席怎样领导中国革命取得最后胜利，目的是为宣传毛泽东思想增加一些内容，对这方面的教育有所贡献。为此，从1990年2月到1991年12月，乔木同志抱病十几次找编写组的同志谈思路，谈材料，谈对一些问题的观察和见解，谈对写作这本书的具体要求，又一次显示了他对研究和宣传毛泽东思想是那样的热忱，那样的一丝不苟。

乔木同志生前计划，《回忆毛泽东》这本书要争取在毛主席诞辰一百周年纪念的时候出版。由于乔木同志病情恶化和过早谢世带来的困难，再加上编写组同志遵循乔木同志一贯的严谨作风，力求使这本回忆录能接近他所要求的水平，出版就推迟了一年。虽然距离原来计划的时间长了一些，却使这本书的质量得到了保证。这本书的写作和出版是一个范例，它表明，对毛泽东和毛泽东思想的研究和宣传，要倾注心血、严肃认真，要持续不断、扎扎实实，努力使对毛泽东和毛泽东思想的研究与宣传是科学的、富有成效的。

《胡乔木文集》共三卷，是乔木同志从他几十年革命生涯所撰写的大量文稿中，亲自精选、校订和编辑而成的。这近120万字的文集，可以说是他一生中在思想理论方面最有分量的精品。《胡乔木文集》的时间跨度为半个多世纪，涉及的领域非常广阔。该文集论述的，许多是重大问题，也有的似乎不过是一些小事儿；书中提出的许多思想观点，深邃周密、令人折服，也有的仿佛有失偏颇；许多远见卓识至今仍有指导意义，有的只具有历史的价值。在这类事情上，不免会是仁者见仁、智者见智的。但是，无论如何，捧读《胡乔木文集》的一篇篇文章，透过这些文章的字里行间，可以感到乔木同志那颗圣洁的赤子之心在跳动，在燃烧。可以看到，那颗赤子之心怎样地表现为对党的事业、人民的事业竭忠尽智，表现为对反动的、腐朽的、落后的事物的有力鞭笞，表现为对革命的、先进的、新生的事物的热情歌颂，表现为对科学真理执着的、永不停止的追求探索，表现为对同志、朋友，对有名的和没有名的、熟悉的和不那么熟悉的人们的诚挚感情，等等。十分难能可贵的是，对于那颗赤子之心，岁月流逝，丝毫没有能减缓它搏动的节奏；风雨侵袭，丝毫没有能减弱它耀眼的光芒。乔木同志曾以“赤子”作为笔名，这是名副其实的。乔木同志的确始终是党的儿子、人民的儿子。《胡乔木文集》中提出的理论、思想、观点，人们大概不会都赞同接受，不会都永远记住，但是那跃然于纸上的灼热的明亮的赤子之心，给人的强烈感染，是不会消失、不会泯灭的。乔木同志离开我们已经两年多了，我们仍然那样深切地怀念他，由衷地敬佩他，首先就是因为那颗赤子之心曾经照亮过启迪过我们，现在仍在激励着我们，促人反省，催人向前。

乔木同志的一生，是同我们党的事业和历史融为一体的。因此，他的文集和对毛泽东的回忆，都是他为党留下的宝贵精神财富。它们的出版，在党史界、社会科学界、思想理论界是件大事，对理解毛泽东思想、理解邓小平建设有中国特色社会主义理论有着重要意义。对于这两部内容丰富的著作，大家一定有许多话想讲。而且，今天到会的，有与乔木同志生前共事多年的老同志，有受过他教育、培养的较为年轻的同志，大家也都想借这个机会，表达对乔木同志的怀念之情。作为会议的主持人，不宜讲长话，我就讲这些。言不尽意，聊表寸心而已。

（载《我所知道的胡乔木》，当代中国出版社 1997 年版）

中国国际汉学研讨会开幕词

（1995 年 1 月 5 日）

中国自实行改革开放以来，与世界各国之间的学术文化交流不断发展。各门科学、各种专业性的国际学术会议在北京及中国其他城市经常举行。但是，以“国际汉学研讨会”命名，邀请海内外对中国历史、考古、哲学、文学、艺术、宗教等各方面研究有素的知名专家学者，荟萃一堂，进行多科学、跨学科的学术研讨，这在中国大陆还是第一次。可以说，这次国际汉学研讨会，是中国学术界与国际汉学界进行学术交流的一次空前的盛会。

中国是一个有着悠久历史和灿烂文化的国家，中华民族对人类文明的发展做出了独具特色的巨大贡献。国外的“汉学”，正是以中国的历史和文化为主要研究对象的一门学问。新中国成立以来，随着中国建设事业的发展、国际地位的提高、在国际事务中作用的增大，国外不少汉学家的研究视野又逐渐转向近代现代中国的社会、政治、经济、外交等领域，人们也愈来愈多地使用“中国学”这一新的学科名称。如果说，西方的汉学研究肇始于 16—18 世纪，创始人主要是来华的西方传教士，那么到 19 世纪则有了显著的发展，汉学开始成为一门独特的科学，并在国外的许多高等学府里占有一席之地。进入 20 世纪后，国际上汉学的研究更加蓬勃发展，不仅研究课题丰富和多样化，而且在相当多的国家与地区受到本国政府和有关部门的高度重视。

在这里，我要特别提及的是那些热爱中国、热爱中国文化的各国汉学家们，他们克服语言文字不同、民族文化传统差异等种种困难，数十年如一日地潜心研究中国的历史和文化，研究中国的现状和未来，以自己的卓越成就和同中国长期的友好往来，对传播中国文化、增进本国人民与中国人民的了解和友谊，做出了很大的贡献。请允许我借此机会，向热爱中国文化，对中国人民保持友好感情，献身于汉学研究事业的各国汉学家们，表示崇高的敬意。

中国历史遗产博大精深，文化传统源远流长。如何总结与继承这份历史文化遗产，历来是中国学术研究的重要课题，也是近 80 年来文化论争的一个焦点。在这个问题上，我们既反对全盘否定民族文化传统的民族虚无主义，也反对食古不化的复古主义，而主张对历史文化遗产采取批判继承的态度。具体地说，就是要运用马克思主义的世界观和方法论，实事求是地对历史文化遗产进行科学总结，剔除其糟粕，汲取其精华，弘扬中华民族的优秀传统文化，以建设有中国特色的社会主义新文化。回顾新中国成立 45 年来中国学术发展的历程，虽然曾有这样那样的干扰，出现过一些不能苟同的见解，但大体上是沿着这个正确方向前进的。特别是近 15 年，中国大陆学术界对历史文化的研究更是开创了蓬勃发展、生意盎然的新局面。各个领域、各种类型的研究成果犹如雨后春笋，质量也有所提高，这是有目共睹的。中国台湾学者对中国历史和文化的研究取得了很多成绩。特别令人高兴的是海峡两岸学者的学术交流这几年来有了较大的发展。

中国学术研究的健康发展、国外汉学研究的不断进步，为中国学者与各国汉学家之间的学术交流与合作创造了日益广阔的天地。中国学者与各国汉学家所掌握的材料不会是完全一样的，在观察问题的视角和分析问题的方法上也不尽相同，因而得出的看法、形成的观点，也不会完全一致，这是正常的。但既然有着共同的专业范围与研究对象，那就完全可以而且应该通过学术交流与合作，互相切磋，取长补短，共同促进。我们举办这次国际汉学研讨会，目的就在于为海内外学者提供一次加强联系、交流成果、探讨合作，以期推动学术研究进一步深入开展的机会。我们相信，经过与会学者的共同努力，这次研讨会一定能对中国历史和文化研究的推进起到良好的作用。

（载《华夏文明与传世藏书》，中国社会科学出版社 1996 年版）

1995 年度院工作会议上的工作报告

（1995 年 2 月 15 日）

中国社会科学院 1995 年度工作会议的主题是：继续贯彻十四大和十四届三中、四中全会精神，以邓小平同志建设有中国特色社会主义理论为指针，巩固、完善、深化改革，推进学科建设和科研工作，为实现我院发展战略目标而努力，为我国的改革开放和两个文明建设做出更大的贡献！

现在，我代表院党委和院务会议做工作报告。

关于 1994 年的工作回顾

在去年的工作会议上，胡绳同志代表院党委、院务会议在工作报告中提出了我院的战略发展目标，围绕科研工作和深化改革部署了 1994 年的十项主要工作。经过全院同志一年来的共同努力，各项工作进行情况较好，初步出现了为深化改革而团结奋进的新气象，为实现我院发展目标迈出了坚实的一步。

一　完成了一批重大研究课题，产生了较好影响

1994 年，我院贯彻“面向经济建设主战场、促进各学科共

同繁荣”的方针，科研管理开始引入竞争机制，加强对重大项目的检查、督促，试行部分课题招标，依靠广大科研人员辛勤耕耘，较好地完成了一批国家、院所重点项目，取得了可喜成绩。由建设有中国特色社会主义理论研究中心组织的全国社会科学院系统关于“邓小平同志建设有中国特色社会主义经济理论研讨会”、参与组织的全国性的“邓小平同志建设有中国特色社会主义理论研讨会”，对我院和全国社科界、理论界深入研究有中国特色社会主义理论起了一定的推动作用；我院入选两次会议的8篇论文，具有较高的理论价值和实践价值，得到与会学者的肯定。由院或院领导直接主持、组织实施的重大项目进展顺利：“国外社会主义跟踪研究”全面展开，课题组编印的《国外社会主义研究动态》受到中央领导同志和有关部门的重视；《1991—2010年中国经济发展思路和政策选择》《我国文化市场法制建设的思考与建议》，以及关于经济形势、社会形势、国际形势的年度分析与预测，已分别做出研究成果。广大科研人员紧密结合改革开放和现代化建设实践提出的重大理论问题、实践问题，撰写了大量的研究报告、对策建议，通过《要报》上报后，有不少受到中央领导同志和有关部门的重视，对党和政府的决策起到了咨询作用。基础研究和建设有新的进展，出版了《中国珍稀法律典籍集成》、《版权国际惯例》、《中华大藏经》（全书106卷全部定稿，已出90卷）、《十九世纪香港史》、《西方宗教学说史》等，其中《中华大藏经》已获新闻出版署古籍整理奖。由考古所完成的陕西九成宫遗址等3处考古发掘，被列为1994年全国十大考古发现。这里，特别值得提出的是，胡绳院长去年连续发表了《毛泽东一生所做的两件大事》《什么是社会主义，如何建设社会主义》《马克思主义是发展的理论》3 篇论著，在学术界、理论界都产生了重大的影响。据初步统计，1994 年全院共完成学术专著 456 部、学术论文 4000 余篇、调研报告 560 多份，是建院以来成果最丰富的年份之一。

二 基本完成了学科调整方案的拟定工作

进行学科调整，使我院学科布局和科研力量配置同现代化建设相适应，是逐步实现我院发展战略目标的一项重要措施。遵照院党委和院务会议提出的“根据需要和可能，有所加强，有所保持，有所合并，有所舍弃，以突出重点”的指导思想，各研究所对各学科发展状况进行了认真的分析、研究，拟定了本所的学科调整方案。在综合各研究所方案的基础上，经过院务会议审议，同意向这次院工作会议提出全院学科调整初步方案，供大家讨论。按照拟定的方案，全院二、三级学科规模将由调整前的 300 个左右收缩至 260 个左右，与二、三级学科相对应的研究室将由 210 个左右调整为 180 个左右；260 个左右的二、三级学科中拟作为重点学科和予以加强的学科有 120 多个。这一方案的特点是：第一，基本体现了“既确保主攻方向，又兼顾各学科共同繁荣”的指导思想，基础理论研究、人文学科已经形成优势的学科，以及改革开放和现代化建设急需的学科（如财政学、金融学、社会保障研究、经济法学、知识产权研究、国际法学、国际经济贸易研究等）将保持和得到明显加强；第二，战线有所收缩，但幅度适当，基本上保持了学科门类较全、综合性实力较强的优势；第三，调整的步骤、方法比较平稳，计划在 3—5 年逐步到位，不会引起大的震荡。

由于拟予加强的重点学科明确，向重点学科倾斜的要求、措施比较具体，这就有可能避免今后走分散力量、铺摊子的老路。这一方案经这次工作会议讨论，广泛听取意见，准备作进一步修订，然后付诸实施。

三　“三定”工作取得了阶段性成果

我院“三定”工作分两步进行。在 1994 年 6 月基本完成院机关“三定”工作后，着手院属事业单位的“三定”工作，其基本方针是：“适当精简规模，重点调整结构，优化力量配置。”在对各事业单位的内设机构、人员状况全面调查摸底的基础上，经过与各单位磋商，拟定了《中国社会科学院院属事业单位机构编制方案》，已于 9 月上报中央机构编制委员会办公室。方案中保持 31 个研究所和 8 个直属单位的规模，适当地压缩编制，较大幅度调整各类人员比例。31 个研究所科研人员数将由 1993 年年底实有的 2060 人增加到 2300 人左右，所占比重由不到 60% 上升为 70% 以上；管理人员、编辑人员、图资人员均将有不同程度的减少，这三类人员所占比重将分别下降 7 个百分点、2 个百分点和 3 个百分点。对于我院“三定”的指导思想和做法，中编委办给予了充分肯定。我们将争取国务院尽早批准这一方案，以便组织实施。

为了实现调整人员结构、加强科研力量的目的，去年严格执行了院党委关于除个别特殊情况外，不再从院外调入行政管理人员、编辑人员、科研辅助人员的规定。全年共调进 79 人，其中高研、博士生、硕士生 64 人，本科生 11 人，因特殊需要所进 4 名非专业人员，均经过严格的审批程序。

四　在队伍建设方面出台了一些新的举措

为加强科研和管理两支队伍的建设，1994 年陆续出台了以下五项举措：一是在政策上加强了对中青年科研骨干倾斜的力度。在继续进行国家级有突出贡献中青年专家选拔工作的同时，建立了评选院级有突出贡献中青年专家制度，评选出首批院级突出贡献专家 15 名；特批 21 套宿舍，用以从院外遴选部分中青年科研骨干和解决院内部分中青年科研骨干的住房困难；在部分所设置所长助理，为一些优秀的中青年专业干部经受锻炼、脱颖而出创造条件；健全、完善博士后站管理制度，新设博士后站 2 个。二是规范晋升专业技术职务考试制度。1994 年参加晋升考试的有 348 人，并举办多期马列主义基础理论、外语、古汉语培训班，对 200 多人进行了培训。三是健全考核制度，相继制定了《管理人员考核办法》《专业人员量化考核办法》《对不称职人员处理的暂行规定》等，为今后强化激励竞争机制做了一些基础性工作。四是着手进行现代化设备使用技能的培训工作。全年举办计算机使用技能培训班 3 期，160 多人参加了培训班学习。五是进一步完善了对长期出国进修、考察人员的管理工作。注意选派政治素质、业务素质、思想作风好的中青年科研骨干出国进修、考察，并加强同他们的联系，帮助他们解决在国外遇到的问题，取得较好效果。1993 年派遣出国人员全部按期于 1994 年返回；1993 年以前派出逾期未归人员，通过工作也有一批于去年陆续归来，有的已成为科研骨干。

五　图书馆改革初见成效

为推进图书管理现代化，1994 年，院党委和院务会议决定，改革图书管理体制，组建院图书馆，并确定了“精心设计，妥善运作，平稳过渡，更好服务”的改革方针。一年来，文献信息中心同科研大楼内各所密切配合，认真贯彻16字方针，图书馆改革进展顺利，在以下五个方面取得明显成效：(1) 实现了全院图书馆统一采购、统一编目工作；(2) 组建统一的中文报刊、外文报刊、港澳台图书报刊、工具书、新书五大阅览室的工作已于年初基本到位；(3) 新书库基本筹备就绪；(4) 在实现图书馆自动化管理方面迈出了可喜的一步；(5) 从科研大楼内各所集中的图资人员全部培训上岗。由于实行全院图书报刊统一采购，共节约资金86万元。统采后增订新报刊186种，扩大了信息源，初步实现了图书资料资源共享。上述工作的顺利进行，初步改变了我院各所图书馆自成体系、互相封闭，图书资料重复采购、专业馆藏日渐衰竭的局面。

六　对外学术交流活跃

1994年对外交流持续稳定发展，全年交流总量为872批2050人次，交流量大于1993年，创历史最高水平。对外交流继续坚持为科研和人才培训服务，紧密结合国家、院所重点课题，特别是结合在我国建立和完善社会主义市场经济体制方面的重点课题，安排出访项目，组织多边、双边国际学术讨论会，取得一批较高水平的学术成果。在利用国外可以利用的资助方面，也取得了一定成效。

七　行政后勤工作取得新的成绩

去年是我院行政后勤工作取得较大成绩的一年。年初提出的改善全院工作环境和职工生活条件的 10 件实事已全部落实。全年共完成基本建设投资 3600 万元。郎家园和研究生院两处两万平方米住房，去年年底已竣工 4500 平方米。太阳宫 3.4 万平方米住宅楼已经完成前期准备，今年春即可开工。原计划 1995 年年底投入使用的“青年公寓”楼（48 套住房），因抓紧筹办，院工作会议后便可投入分配。研究生院阶梯教室工程已经开工。采取措施，收回违反住房管理规定的闲置用房 21 套共 44 间。财务物资部门加强财、物管理，并初见成效，受到国务院有关部门表彰。创收开发工作有了一定的规模，完成了年初确定的创收指标。去年行政后勤部门深化改革，在整章建制、转换职能、理顺关系和计划管理上下工夫，使后勤管理工作出现新的气象。

八　进一步加强了党的建设和领导班子的建设

去年深入开展学习《邓小平文选》第三卷和党的十四届四中全会文件，提高了全院职工对什么是社会主义、怎样建设社会主义等一系列重大问题的认识，增强了用建设有中国特色社会主义理论指导我院改革和科研工作的自觉性。在完成所局级领导班子换届收尾工作的基础上，调整、充实、组建了 24 个研究所的党委和 5 个联合党委，在全院完成了由所长负责制向党委领导下的所长负责制的转变。举办了两期所局长研讨班。修订颁发了《研究所党委会工作条例》，健全了党的工作制度，使党的领导得到加强和改善。积极贯彻四中全会精神，召开了全院基层党支部建设工作会议，全院 290 个党支部完成了换届改选。院直机关召开了党代会，选举产生了新的机关党委。加强了党校工作，轮训处以上干部 49 名。认真开展纪检、监察、审计工作，加强党的作风建设和廉政建设，全年共查处违法违纪案件和问题27件。党的建设和领导班子建设的加强，对我院的科研工作和其他各项工作起了保证作用。

九 完成了建立中国社会科学院院士制度的前期工作

根据广大社会科学工作者的要求，参照中国科学院、中国工程院的经验，我们起草了《关于建立中国社会科学院院士制度的请示》《中国社会科学院第一批院士推荐办法》《中国社会科学院院士章程》等文件，并征求了国家教委、中央党校、总政治部等部门的意见，作了相应修改，完成了文件的草拟工作。

在过去的一年，其他各方面工作也有新进步。老干部、工会、共青团、妇工委和统战等部门和系统，根据各自工作对象的特点，组织了各种形式的有意义的活动，加强了党同群众的联系。保卫部门为保障良好的科研环境和维持正常工作秩序做出了努力。

1994年是我院改革办法出台较多的一年，做了一些多年想做而没能做的事，有些取得了阶段性成果。但我们必须清醒看到，去年出台的改革措施，有的仅仅是刚刚起步，有的尚需进一步巩固和完善；尤其应该看到的是，有些方面的改革，如在建立竞争激励机制方面，还没有实质性的突破。科学研究仍然不能适应国家改革开放和两个文明建设的客观需要，不少学科科研骨干断层的问题远未解决。在行政、后勤保障方面，经费紧张、住房困难的局面仍未根本缓解，管理、开发经营同我院的发展要求相比，还存在较大差距。在科研条件和物质生活条件方面仍面临不少困难和问题。因此，我们必须进一步振奋精神，扎实工作，深化改革，以促进科研及其他各项事业。

关于 1995 年的工作任务

1995 年是我们提出全院发展战略目标并付诸实施的第二个年头。在新的一年里，我们要紧紧把握“抓住机遇，深化改革，扩大开放，促进发展，保持稳定”这个全党全国工作大局，按照院党委、院务会议确定的办院方针和战略目标，巩固、完善、深化改革，围绕出成果出人才这个中心，着重抓好以下几个方面的工作。

一　认真学习马克思列宁主义、毛泽东思想、邓小平建设有中国特色社会主义理论，用科学的理论武装头脑

江泽民总书记在去年召开的全国宣传思想工作会议上提出，以科学的理论武装人，以正确的舆论引导人，以高尚的精神塑造人，以优秀的作品鼓舞人。他在为我院去年工作会议的题词中又指示我们“把中国社会科学院建设成马克思主义的坚强阵地”。要实现把我院建成马克思主义坚强阵地的目标，做到以科学的理论武装人，先要以科学的理论武装自己。全院同志必须认真学习马克思列宁主义、毛泽东思想，掌握马克思主义的基本原理。要坚持理论与实践相结合，树立正确的世界观和人生观，坚定社会主义、共产主义信念，自觉执行党的基本路线，自觉抵制拜金主义、个人主义和腐朽生活方式的侵蚀，全心全意为人民服务，兢兢业业做好本职工作，立志为科学而献身。

人文、社会科学研究以人类社会为主要对象。而人类社会

是五光十色、纷繁复杂、变化无穷的。在复杂的社会现象面前，如果没有科学的理论做指导，就会如堕云里雾中，茫无头绪。古人说得好："工欲善其事，必先利其器。"马克思主义是完整的科学的世界观和方法论，它是广大社会科学工作者研究各种问题的锐利武器，它就像显微镜和望远镜一样，能够帮助人们发现事物的本质和内在联系，揭示事物的发展规律。因此，不论是从事社会学科研究还是人文学科研究，不论是从事应用研究还是基础研究，都应努力掌握并运用马克思主义的立场、观点、方法，这样就会事半功倍，做出优秀的研究成果，为伟大的变革的时代服务。尤其是中青年同志，更要下苦功夫学习马克思主义基本理论，使自己具备较好的马克思主义理论修养，以保持正确的政治方向，取得较大的学术成就，成为跨世纪的优秀人才。

邓小平同志建设有中国特色社会主义理论把马克思主义基本原理同当代中国实际和时代特征结合起来，继承和发展了毛泽东思想，是当代中国的马克思主义，是指引我国社会主义事业走向胜利的根本指针。学习马克思主义要重点学习建设有中国特色的社会主义理论。要在认真学习邓小平同志原著上下功夫，全面准确地掌握这一理论的科学体系，领会其精神实质；担当起研究、宣传这一理论的崇高使命，紧密联系改革开放和两个文明建设的实际，力求推动这一理论的研究向深度和广度发展。

社会科学研究坚持以马克思主义为指导，与执行党的"双百方针"是一致的。学术中的是非问题，应该通过专家、学者们的自由讨论去解决。认真贯彻党的百家争鸣的方针，社会科学才能发展和繁荣；同时，马克思主义也会在不同学术观点的争鸣、讨论中汲取营养，不断地丰富、发展自己，并加强自己在社会科学研究中的指导作用。因此，我们应该欢迎和鼓励不同学派、不同学术观点的争鸣和讨论，保障学术民主，活跃学术气氛；即使是非马克思主义者的研究成果，只要具有学术价值，也应该给予肯定。

二　全面实施学科调整方案，加强对重点项目的管理，创造出尽可能多的、具有较高学术水平和较大社会效益的科研成果

实施学科调整方案，真正实现院党委和院务会议提出的“学科布局合理而又重点突出”的目标，是一项复杂、艰苦的工作。我们应该以高度的历史责任感专注于这项工作。

首先，要千方百计地建设好重点学科和拟予重点扶持的重要学科。加强重点学科建设，措施务必具体、可操作，要特别注意解决好两个问题：一是要解决好学科带头人和科研骨干队伍的建设问题。所谓是否具备学科优势，归根到底是有没有高水平的学科带头人。院、所两级都要把培养学科带头人作为建立学科优势的战略任务来抓。力争从今年开始，经过五年的努力，使每一个重点学科形成一支由 1—3 个学科带头人或在学术上具有发展前途的学者领衔的、年龄梯次结构合理的科研骨干群体。二是要解决好重点学科的重点科研项目的立项及实施问题。多年的实践表明，不论是学科优势的形成也好，还是学科带头人和科研骨干的培养也好，常常是通过有效组织重大科研项目来实现的。因此，每一个重点学科和拟予重点扶持的学科，都应尽快选定几个对学科建设具有重大意义、对社会能起重大影响的项目，并精心组织实施，力争在五年内陆续推出

1—3 种高水平的研究成果。全院各方面的工作，如院重点项目经费的安排、专业技术职务的评聘、派遣出国考察进修、职工住房分配以及研究生的招收与培养等方面的工作，都要同加强重点学科建设密切配合，以求尽快见到实效。

其次，对于已经决定收缩、舍弃的学科，要坚定不移地予以收缩、舍弃。为保证这项工作顺利进行，各级领导要做细致的思想工作，及时化解有关同志可能产生的思想矛盾，引导科研人员从大局出发，支持学科调整过程中必要的收缩、舍弃，并切实帮助有关科研人员调整研究方向或妥善分流。

在全面实施学科调整方案的同时，还要花大气力组织好今年的科研工作。院科研局和各研究所要对正在执行的近 600 项国家重点、院重点、社科基金项目进行全面检查和督促。应继续坚持重点项目重点管理的办法。对去年项目清理后所确认的由院所领导直接管理的 86 个课题，以及去年立项的 12 个招标课题和建设有中国特色社会主义理论研究中心组织实施的 11 项课题，尤其要加强检查和督促，以确保在年内陆续推出一批“拳头产品”。要注意引导科研人员去深入研究有中国特色社会主义理论中的一些难点问题和深层次的问题，去探索现实生活中的一些热点问题，拓展和丰富建设有中国特色社会主义理论，为改革开放和现代化建设提供智力支持。在继续加强基础理论研究、应用研究、对策研究的同时，也要重视社会科学知识的普及工作。适当组织力量，运用马克思主义的世界观、方法论，撰写一批关于文、史、哲、经、法等方面的深入浅出、繁简适当的通俗的学术著作读物，使广大读者特别是青年读者在获得知识的同时，接受马克思主义基本原理和社会主义价值观、道德观、人生观以及集体主义、爱国主义的教育。在这方面，已经立项并计划于今年完成的“中华文明史话”“中华百年史话”等院重点项目，应抓紧组织实施，拿出具有较好社会效益的成果。

三　抓紧制订“九五”科研规划，争取我院的科研工作在“九五”期间跃上一个新台阶

“九五”时期，是我国社会主义市场经济体制确立和完善的关键时期，也是实现“三步走”战略第二步目标，并为下一个世纪的腾飞打下坚实基础的关键时期。在这一关键时期，社会科学面临着为推进有中国特色社会主义事业、迎接 21 世纪中国社会主义新的辉煌提供理论支持和智力保障的繁重使命。我院的学科建设、科学研究和人才培养在“九五”期间应该能跃上一个新的台阶。制定好“九五”科研规划，是今年的一项重要工作。

制定“九五”科研规划，是一项导向性、科学性要求很强的工作。关于“九五”科研规划的具体内容，有待于在座的以至全院同志去做深入研究和论证。这里，讲几点关于制定“九五”科研规划的原则要求。

第一，要以党中央和国务院领导同志对我院的重要指示精神为指导，坚持“把中国社会科学院建设成为马克思主义的坚强阵地”“以研究有中国特色社会主义理论为崇高使命”的正确方向。这就要求我们的科研规划，必须将关于马克思主义的研究，特别是关于建设有中国特色社会主义理论及其科学体系的研究放在突出的地位，以便在今后的五年中，组织力量在马克思主义研究的若干方面取得新的进展，为坚持和发展马克思主义做出贡献。

第二，要贯穿“既确保主攻方向，又兼顾各学科共同繁荣”的指导思想。既要根据国家改革开放和两个文明建设的需要，围绕现实生活中的难点、热点问题选题立项，及时为改革开放和两个文明建设提供理论依据和智力支持，又要根据各学科自身建设和发展，尤其是全面实施学科调整方案、加强重点学科建设的需要，确定一批基础理论研究项目，这样才可能加强应用研究、对策研究的后劲。这两者不可偏废。

第三，要以形成全国第一流的哲学社会科学研究成果为坐标，选定若干个具有重大理论意义和实际指导作用的大项目。在“九五”期间，应充分发挥我院在综合性、战略性问题研究方面实力强的优势，通过组织集体合作，甚至多学科协作攻关，拿出一批经得起实践检验的、令世人瞩目的高水平研究成果，乃至传世之作、学科奠基之作。

现在已是2月中旬，距迈入“九五”时期已不足一年，时间相当紧迫。为保证制定“九五”科研规划的工作能够在年内高质量地完成，要充分发挥院所两个积极性。各研究所应在6月底以前制定出本所的“九五”科研规划，报院审议。科研局及有关部门要在下半年集中精力，协助院领导综合各所规划内容，于年底前制定出全院的“九五”科研规划。

四　加强科研和管理两支队伍的建设，组织实施跨世纪人才工程

培养跨世纪的社会科学人才队伍，特别是造就一支德才兼备、学贯中西的学科带头人队伍，是一项刻不容缓的艰巨任务。院、所领导都必须竭尽全力、倾注心血，力争在5—10年建设起一支高层次的跨世纪社会科学专业人才队伍和一支优秀

的社会科学管理人才队伍。具体目标是：培养和网罗 200 名左右 40 岁上下至 50 岁的能运用马克思主义指导研究、学术造诣高的学科带头人；培养 100 名左右马列主义水平较高、熟悉社会科学工作、具有较高管理水平的管理干部，并按 1∶1 的比例建立所、局级后备干部队伍，其中 45 岁以下的不少于 1/2。

跨世纪人才工程的组织实施，需要全院各单位、各部门达成共识、通力合作，共同创造有利于人才成长的良好环境和实施有利于人才脱颖而出的政策措施。为了保证这项工程得以顺利进行，院党委、院务会议决定，要研究探索职称评聘改革办法，拨出 100 个高研指标，专门用于优秀中青年科研骨干的专业职务晋升和从院外招纳延揽优秀中青年科研人才；采取切实措施，提高研究生院办学质量；加强博士后流动站工作，力争新建 10 个博士后流动站，培养、遴选我院急需的优秀科研人才；拿出 100 套住房吸引和安置高级人才；划拨 250 万元专项经费，用以扩大青年科研基金投入。上述措施分五年逐步到位。有关职能部门要制订具体实施计划。各研究所也应集中部分财力、物力，向优秀中青年科研骨干倾斜。

今年，我们要力争再增设 2 个博士后流动站，并拿出 20 个高研指标、20 套住房、50 万元科研经费以及一定数额的出国考察、进修指标，专门用于跨世纪学科带头人的培养和引进。与此同时，要通过在有条件的所实行所长助理制、有计划地组织到地方挂职锻炼、进党校学习培训和实行干部交流等多种形式，加强对中青年的培养，并大胆起用一批优秀的中青年同志及时充实各级领导班子，以改善所、局领导班子的年龄构成，提高领导班子的整体素质。为加强领导，院党委决定，成立跨世纪人才工程领导小组，具体负责制订计划和组织实施协调工作。

五 建立和健全科研成果评估体系，不断完善专业人员和管理人员考核制度，建立竞争激励机制

在去年的工作会议上，院党委和院务会议已经提出，“逐步建立能上能下、能出能进、奖勤罚懒、优胜劣汰的竞争机制”。竞争激励机制不建立，就不可能从根本上革除队伍臃肿、人浮于事，以及少数人懒散度日、无所作为的弊端和陋习，就无法实现我院发展战略目标所要求的“生动而又充满活力”的生动局面。因此，在新的一年里，各级领导务必进一步统一认识，扎扎实实地抓好以下四项工作，在建立竞争激励机制方面取得实质性进展。

第一，尽快完成有关社会科学科研成果评估指标体系的课题研究，建立和健全科研成果评估制度，以便通过一个比较科学和规范的成果管理方式和标准，为科研人员的业绩考核、专业职务评聘、晋升、奖惩提供可靠依据。

第二，进一步深化人事管理制度改革。结合落实“三定”方案和学科调整方案，由“点”到“面”地推行“双向选择”，以调整人员结构，定岗分流人员。允许和鼓励富余人员向外分流、离岗待聘、停薪留职、提前退休。“院人才交流中心”要在转岗培训、分流人员方面制定办法，做出实效。有条件的研究所也可成立“分中心”或“人才交流部”，以便院、所协调，共同做好人员转岗和分流工作。

第三，要完善和认真执行各类人员的考核制度，研究制定将工资津贴部分的分配与考核结果挂钩的办法。

第四，积极筹办我院第二届青年优秀成果奖评选活动，以

表彰和激励我院优秀青年科研人员，促进他们潜心研究、努力成才，不断提高科研能力和水平。

六　继续推进行政后勤改革，逐步改善我院职工科研和生活条件

由于种种原因，我院在经费、用房及其他后勤保障方面，仍然面临着许多困难。在新的一年里，后勤战线的职工，要继续坚持一手抓改革、一手抓服务，以改革促进服务的工作方针，改进工作，提高效率，尽可能为全院职工多办好事、多办实事。应继续加强财、物的综合管理，抓好住宅和办公用房基建项目的施工，搞好“开源”和“节支”，精打细算，避免浪费，提高后勤服务质量。经院务会议研究决定，为进一步深化我院行政后勤管理制度的改革，拟在年内先后出台关于职工医疗制度、向职工出售公有住宅楼房、研究所业务经费分配办法等改革方案，进一步修订完善住房分配办法，建立住房公积金制度。全面推行房改和实行职工医疗制度改革，涉及每一个职工的切身利益，要扎扎实实地做好工作，细细致致地组织实施，确保改革的各个环节顺利进行。

要继续推进科研、办公手段现代化建设。年内要完成全院科研、办公手段现代化的规划工作，并按规划要求，分步实施。要优先解决院图书馆的现代化管理问题，力争早日实现与国内、国际有关图资信息中心联网。

要继续积极开发创收。院属各公司在经营工作中要把握好以下四条：一是严格遵守国家的有关法律、规定，不得违反；二是确保完成上交任务和国家、集体财产不得流失而且实现增值；三是公司内部职工收入分配与经营效益挂钩，奖罚要分

明，要有透明度；四是搞好院内服务工作的同时积极发展对外经营。各公司在保证做到上述四条的前提下，享有充分的经营自主权，可以放开手脚，大力开拓，充分调动职工的积极性，切实提高开发创收能力，真正把公司办好。

七　加强党的思想、组织和作风建设，增强基层组织战斗力，调动一切积极因素，保证各项任务胜利完成

党的十四届四中全会对社会主义市场经济条件下加强和改进党的建设任务作了部署，全院各级党组织要按照四中全会决定的要求，把党的建设这项新的伟大工程认真实施好。

把党的思想建设放在首位。各级党委要遵照中央的要求，以提高素质、增强党性为目标，认真组织全体党员学好建设有中国特色社会主义理论、学好党章（关于学习活动的具体安排，院党委将专门下文进行部署）。要重点抓好处室以上领导干部的学习，坚持和完善所局党委学习中心组制度。要围绕科研、改革和国内外形势做好思想政治工作，经常分析研究本单位人员思想状况，正确把握科研工作的政治方向。要加强政治纪律，在思想上、政治上和行动上同以江泽民同志为核心的党中央保持一致。院党委拟在今年适当时候召开全院学习《邓小平文选》经验交流会，推动我院学习活动进一步深入开展。

加强所局领导班子民主集中制的制度建设。各级领导班子都必须坚持和不断完善集体领导与个人分工负责相结合的制度，进一步增强领导班子内部的团结、合作。要切实执行我院《研究所党委会工作条例》，在实践中不断巩固和完善党委领导下的所长负责制。今年院党委要对各单位执行《研究所党委会工作条例》的情况进全行一次检查，并把加强民主集中制建设

作为考核所局领导班子的重要内容。

加强和改进基层党支部的建设。各所局党委要高度重视并切实抓好本单位的党支部建设工作，充分发挥党支部在研究室及其他基层单位的保证监督作用。要组织好党员生活会，认真开展批评和自我批评，发挥党员的先锋模范作用。院党委将在进一步调查研究的基础上，制定我院《加强和改进基层党支部建设的若干意见》，使全院党支部建设工作逐步实现规范化和制度化。

不断提高各级领导干部的自身素质和领导水平，积极培养和选拔优秀年轻干部。要进一步加强对处以上干部特别是在职所局领导干部的教育、监督、考核和培训工作。各级党委都要高度重视培养和选拔德才兼备的年轻干部，按照四中全会决定和中央组织工作会议的要求，制定规划，建立和完善后备干部管理体系。加强院党校建设，充分发挥其培养各级领导干部和学术骨干的作用。

进一步加强党的作风建设和廉政建设，做好反腐倡廉工作。各级领导干部要自觉坚持全心全意为人民服务的宗旨，努力改进领导作风和领导方法，认真搞好领导班子的勤政和廉政建设，切实担负起治所、管所的领导责任。要加强党内监督和群众监督，尤其是要加强党组织对党员领导干部的监督。各级纪检监察部门要加强对党员干部，特别是处以上领导干部廉洁自律的教育和检查，及时查处违纪案件。

加强对老干部工作、统战工作和工青妇等群众组织的领导。各级党委应关心离退休老干部的生活，认真落实他们的政治和生活待遇。要关心党外知识分子的工作和生活，充分发挥工青妇等群众组织的作用，调动一切积极因素，为推进我院的科研、改革及其他各项工作献计献策，齐心协力，团结奋斗。

同志们，1995 年将是全党、全国各族人民在以江泽民同志为核心的党中央领导下，团结奋斗，继续实现国民经济持续、快速、健康发展和社会全面进步的一年。在新的形势下，我们中国社会科学院的任务十分艰巨，前景充满希望。我们要“统一思想，总揽全局，加强协调，扎实工作”，努力完成今年全院的各项工作任务，为繁荣社会科学事业，促进改革开放和社会主义现代化建设，创造出新的业绩。

（载《社会科学管理》1995 年第 1 期）

1995 年度院工作会议闭幕时的讲话

（1995 年 2 月 17 日）

1995 年度院工作会议就要结束了。这次会议开得紧凑，是成功的。刚才 5 位同志分别介绍了本单位在组织科研、人才双向选择等方面的做法和取得的经验，相信对大家会有启发。

同志们在讨论中对院党委、院务会议提出的工作报告是肯定和赞成的。认为报告对去年工作的估价是实事求是的；认为提出的今年的工作任务是恰当的，同去年院工作会议确定的发展目标和方针保持了连续性。大家认为，如果能够落实提出来的各项任务，那么今年的工作也会在去年的基础上继续进步。

下面，我想就落实院工作会议精神，讲两点意见。

一　在马克思主义指导下多出成果，多出人才

院里今年提出的七项任务，前四项可以用一句话概括，就是在马克思主义指导下多出成果，多出人才。在这四项中提出了要求，提出了若干可操作的措施。当然，这些措施不能说已经足够了，还要逐步地补充、完善。现在应该强调的是，要把

已经想到的、能够做的先做起来，在做的过程中进一步完善，形成新的措施。

当前一件重要和紧迫的工作是，各所要尽快地确定而且要着力抓好几个对学科建设有重大意义、对社会发展能起重大影响的研究项目，组织必要的科研力量，发挥集体智慧，在马克思主义指导下刻苦钻研，力争拿出高水平的成果。重大的科研项目大都是在研究所的范围内组织，有些还要跨所由院来组织。这是应当做、能够做的。学科调整的目的是加强重点学科，保持优势，出成果，做好这项工作是落实学科调整的中心环节。制定“九五”科研规划，当然也要求确定一批骨干项目，所以做好这项工作也是制定“九五”科研规划的中心环节。每个项目确立以后，就要研究马克思主义在这方面有些什么论述、邓小平同志有些什么论述，用科学的理论指导研究工作，这就把学习马克思主义理论、学习邓小平同志建设有中国特色社会主义理论这一条具体化了。培养跨世纪的学科带头人，要通过组织实施重大的研究项目来实现。总之，这项工作涉及许多方面，抓好了对各项工作都会有推动。

一位名家、一位大学者都有他的代表作，一个所也要有自己的代表作，我院也要有自己的代表作。人们提到巴金，就会想到《家》《春》《秋》。一个名家是如此，一个所也应该如此。一讲到某个所，人们就能想到这个所有若干名著；一讲到这些著作，人们就想到这是社科院某个所的著作。在20世纪五六十年代，我们有相当多的所是有其代表作的，如果在90年代没有新的代表作，还是吃老本，那就难以保持在社会科学界应有的地位。如果进行了学科调整，制定了规划，实施了人才工程，却出不了高水平的研究成果，出不了人们认可的代表作，那就不能认为上面这些工作是成功的，就不能算是为建设有中国特色的社会主义的事业做出了应有的贡献。

工作报告提出要培养跨世纪的人才，造就一批中青年学科带头人，并定出了若干措施，大家赞成。但是不少同志又认为，现有的这些措施还不足以保证实现我们的目标，特别是培养学科带头人要有相应的物质条件，我院在这方面存在着困难。住房紧张，以至人才留不住，或进不来。房子问题请管理部门再研究一下，能不能多挤出一点儿用于吸引人才。院所两级领导，要尽可能地争取国内外各方面的资金支持，以改善科研条件和生活待遇。

二　继续实行、完善、巩固去年出台的各项改革措施，并且进一步深化

今年，我院各方面改革的任务很重。实施学科调整和“三定”方案，巩固和推进图书馆改革，都有大量的工作要做。去年院工作会议上提出了不少规定，这些规定要继续贯彻执行。为了在建立竞争和激励机制方面能够取得一定的进展，要逐步推行双向选择，实行富余人员分流；要健全和认真地执行考核制度，并根据考核结果进行奖惩。还要推行医疗制度改革，向职工出售公有住宅等。这些都与群众的切身利益密切相关，工作量大，工作的难度也大，可以说比去年要难。怎么办？还是去年讲过的那句话，对困难要有足够的估计，但更要知难而进，不能知难而退。

要在改革中取得进展，取得成效，一是要有决心。要经过周密研究，慎重决策，但是事情一旦定下来，院所两级就要齐

心协力，带领职工锲而不舍地去做，不能犹豫、动摇、观望、徘徊。二是要有办法。这次工作会议提出了几项办法，请大家带回去讨论，对这些办法提出意见，在半个月内把所的意见拿出来。通过讨论尽可能把办法制定得完善些。讨论中肯定会有不同意见，这就需要大家研究、权衡，择其善者而从之。只要是基本合理，大多数人赞成，就定下来，就实行，在执行的过程中再逐步完善，用实际效果来说服人。三是要认真。制定出办法，决定要实行了，就必须认真去做，否则就不如不定。毛主席说："世界上的事怕就怕'认真'二字，共产党就最讲认真。"各所要在"认真"方面来个竞赛。认真做了，可能现在会得罪一些人，但以后的工作会越来越顺；不认真，似乎现在日子好过，但是以后的工作会越来越难。只要有事实根据，讲道理，办事公道，绝大多数群众就会拥护，院里就会支持。四是要做细致的思想政治工作。要跟大家讲清为什么要有这些改革办法，根据什么情况制定的，从全局看、从发展看为什么必须这样做。如果能够做到这几条，我院今年的改革在任务重、难度大的情况下仍然有希望取得进展。

去年我院工作之所以能够取得一些成绩，就院所两级领导来说，主要是依靠各所领导的努力，靠各职能局领导的努力。特别是各所的书记、所长，你们在第一线，而且大都是"双肩挑"，又要做领导工作，又要做科学研究工作，你们为落实去年院工作会议提出的任务付出了大量心血和劳动。在此，我代表院党委、院领导感谢你们为办好中国社会科学院做出的奉献。今年要落实工作会议提出的各项任务，仍然主要靠在座的各位。相信大家一定会像去年一样，比去年更好地做好本职工作。

从院领导和院职能部门来讲，要改进工作方法和工作作风。工作多，要很好地统筹安排，加强协调，尽量减少会议，能不开的会就不开，能开短会的就不要开长会，能合起来开的就不要分着开，能由职能处室干部参加即可解决问题的就不要请所领导来参加。要减少不必要的重复的报表。总之，要提高效率，使所领导有更多的时间去研究、去切实有效地工作。

我就讲这些，不一定对，请大家考虑。

（载《社会科学管理》1995 年第 1 期）

编写地方志是有价值的科学事业*

（1995 年 8 月 15 日）

在郁文同志的主持下，经过认真准备，调整后的中国地方志指导小组今天终于开了第一次会议。这次中国地方志指导小组进行调整，由铁映同志出任指导小组组长，这说明了党中央、国务院对地方志工作的关怀和重视。刚才宣读的铁映同志的书面讲话，论述了地方志工作的意义、当前的形势和任务，我们要很好地加以贯彻，努力谱写新编地方志工作的新篇章。

我本来没打算讲话，郁文同志非要我讲，我只好遵命，作为新就任的副组长，似乎也该讲点儿意见。

一　地方志和科学研究，特别是和社会科学研究的关系

地方志是记载地方自然、社会历史和现状的资料性著述。编写新地方志，与科学事业，特别是社会科学事业的发展有着

---

* 在中国地方志指导小组第二届第一次会议上的讲话。

密切的关系。加强编写地方志工作，是繁荣和发展我国社会科学事业的一个不可缺少的方面。

江泽民同志指出："方志作为'一方之始'，是记载一个地区上至天文，下至地理，从自然到社会，从政治到经济，从历史到现实，从人物到风貌，一应俱全的全面、系统、准确的社会大观的综录。"地方志作为一种综录，它的科学价值，在于提供系统的真实的资料。正因如此，它就是可以起"资治"——为领导决策提供参考、提供依据，"教化"——对人民进行爱国主义教育、社会主义教育、革命传统教育，"存史"——记载历史的真实进程的作用。也正因为如此，它就具有长久的科学价值。

我国现存宋、元以来的八千多种旧方志，保存着有关我国各地自然环境、地理、历史、人文和其他方面的许多极其宝贵的资料，至今仍为国内外学术界所重视。许多著名的科学家在历史学、地理学、人口学、经济学、灾害学及其他学科中，利用地方志资料和其他的资料，做出了非常有价值的研究成果。

新编地方志应当继承旧志的优良传统，同时又要有新的发展。新编地方志要在马克思主义的指导下，遵循科学的编纂理论和方法，系统地、准确地反映当代我国各地区的状况和发展变化的轨迹，包括自然环境、人文地理、政治、经济、社会、教育、科技、文化等各个方面，使它成为我国国情、地情的重要载体，成为我们这个伟大变革时代的科学纪录。如果编出这样的地方志，无疑是我国社会科学工作者的一个非常巨大的信息资料库。

早在50年代制定《1956—1967年哲学社会科学规划纲要》（以下简称《纲要》）时，就把全国各县、市编写新方志作为

《纲要》中的一个重要项目。进入社会主义建设新时期以后，新编地方志工作广泛开展，编纂新地方志又一次被列入国家社会科学规划。一位很有造诣的经济学家读过新编地方志后曾说，新编地方志如能把每个地方的具体情况，从经济结构到社会结构所发生的变化都调查清楚，形成系列，就能使许多学科的研究工作建立在真正科学的基础之上，这将会对整个社会科学的研究事业带来很重大的影响。我想这种评论，很好地说明了地方志建设和社会科学建设的密切关系。

编纂新地方志不是一项简单的文字工作，而是学术劳动。从事地方志编纂工作的同志，特别是志书的主编和总纂，不仅要熟悉地情，而且需要有渊博的学识，有求真、求实的探索精神和科学方法，能够了解和掌握本地区发展的脉络和趋势，辨识各种资料的真伪和相互关系，还要把各种材料科学地组织起来，真实、全面、系统、深刻地反映给读者。地方志的生命力在于它的真实性。地方志工作的基础是调查研究。对地方志工作的基本要求和对社会科学工作的基本要求是一致的。严肃地按照科学要求编纂的地方志，理所当然地应当被看作是社会科学科研成果。

据同志们告诉我，已出版的志书绝大部分是合格的。当然具体来讲可能有这样或那样的缺点和问题，但是，作为一个整体看还是好的。现在已出版了约两千部省、市、县三级志书，到 20 世纪末或稍长点儿时间将会达到五六千部。那么，这将是社会科学中最庞大的一个成果群。

这些年，各地有一些新志书被评为省、自治区、直辖市的优秀社会科学科研成果，这是可喜的现象。希望随着新编地方志工作的不断发展，今后有更多的新编地方志成为优秀的科研成果，对繁荣和发展我国社会科学事业做出更大贡献。我想编地方志五六千种是数量要求，更主要的还应该是质量要求，如果有千余种是好的，那就很不错了。数量完不成也没关系，但质量要好一点儿，真正是科学研究的结晶。

二 地方志队伍建设和社会科学工作者的关系

编写地方志是一项专门的学问，需要有专业化的队伍。经过十几年的实践锻炼，已经初步建成了一支有相当水平的修志队伍，专职的约两万人，其中具有高级职称的近两千人，兼职的有八九万人。这是我国地方志工作的一项重要成绩。当然，这支队伍还需要继续培养提高，没有一支高水平的专业队伍，不可能编纂出真正高水平的新志书。专职的修志工作者要虚心向各方面的专家、学者学习，各学科的专家、学者应当给予积极的支持，帮助他们掌握必需的专业知识。

新编地方志的内容十分广泛，涉及自然科学和社会科学的许多领域。作为一名地方志工作者，其学识再渊博也不可能熟悉所有学科，更谈不上精通。所以，要编纂出高水平的新方志，仅靠专业方志工作者本身的努力是不够的，必须争取和吸收其他学科的专家、学者共同参与。这些年来，不少地方的修志机构，聘请高等院校和研究机关的相关学科的专家、学者参加编写新志书中专业性较强的部分，如自然地理、人口、方言、民俗等，或邀请相关学科的专家、学者审阅志稿，或参加志稿、志书的评议，听取他们的意见和建议，取得了很好的效果。这种做法值得推广。还可以把这种志书的门类扩大一些，吸收的专家、学者更多一些。有些志书门类还可以邀请相应单位的专家、学者直接承担，就是把任务分配给他们去做。这样做，对地方志工作有好处，也可以使相关学科的专家、学者更加密切与实际工作的联系，接触和掌握更多的实际资料，了解全面情况，从而推动社会科学的研究工作。就是说，我们应该加强地方志工作和社会科学各学科工作之间的联系和合作。

要加强地方志队伍建设，必须加强地方志理论建设，用科学的地方志理论武装起来。没有地方志理论建设的提高，就不可能保证地方志质量的普遍提高。也许有几本可能写得不错，但是没有理论的指导，就不可能普遍地使地方志的写作达到一个比较高的水平。铁映同志提出，要组织地方志理论工作者和各有关学科的专家、学者一起，从理论上全面总结十几年来修志实践的丰富经验，进一步探索社会主义条件下修志工作的规律，经过不懈的努力，建设起无愧于我们时代的科学的、完整的新方志理论，使地方志工作真正建立在坚实的、科学的基础之上。这是一个艰巨的任务。最近郁文同志提出要建立新方志学，这就使方志理论建设的目标更加明确。大家知道在清朝“乾嘉盛世”戴震、章学诚、洪亮吉等的著作中，就有不少有关编纂方志的原则、理论的论述，对后世方志的编纂曾经产生极大的影响。但是长期以来，方志理论或方志学是依附于其他学科，被视为史学或地学的附庸。现在郁文同志提出一个非常高的目标，就是要建立新的、独立的方志学。

80 年代以来，社会主义时期新方志以空前的规模和崭新的面貌在全国展开，方志理论研究也有进展，形成了自己的研究对象和独立特点。有理由肯定，新方志学可以成为一门独立的学科。如果说刚开始编纂新方志的时候，不可能提出这样的任务，但经过这十几年的研究，编纂新方志积累了那么多的经验，就有可能提出并且努力完成这个任务。我相信在马克思列宁主义、毛泽东思想和邓小平同志建设有中国特色社会主义理论的指导下，总结当代的修志经验，吸取传统志论的精华，引进相关学科的理论，在方志理论工作者和相关学科的专家、学者的合作下，经过长时期的努力，建设符合时代要求的科学的新方志学的目标，是一定可以达到的。

地方志指导小组和它的办公室在这方面要做工作，包括编纂历史上和现在的各种志论，供大家研究、借鉴；包括组织力量选读一些已出版的新方志，分析总结正反两方面的经验，从理论上进行概括；包括召集一些总纂和对编写地方志有研究的专家学者，开一些方志理论小型研讨会，发表一些研究论文，等等。通过这些工作，逐步地创立新方志学。

三 关于中国社会科学院和中国地方志指导小组的关系

编修地方志的工作，历史上向来是由政府主持的。全国性地方志的纂修，是由中央政府（封建时代的朝廷或国民党时期的国民政府）发布命令推行的。现在，我们新编地方志工作是“党委领导、政府主持”。指导全国修志，涉及许多政策性很强的问题，必须向党中央、国务院反映和请示报告，没有党中央、国务院的领导和支持，是不可能进行的。但是国务院掌管全国大事，战线广阔，事务繁多，国家机构又要精简，所以，不可能设立专门的机构主管这项工作。这些年来一直是让中国社会科学院代管，这是对中国社会科学院的信任。我代表中国社会科学院向同志们表示，我们一定努力把应该办的事情办好。今后，新编地方志工作中的重大问题、原则问题，涉及方针、政策的问题，当然要向铁映同志、党中央、国务院请示报告。至于日常工作、人事、后勤等具体工作，需要中国社会科学院解决的，我们一定认真去做，认真地去解决，全力支持，努力完成中央交给的这项任务，在新编地方志工作中起一点儿微薄的作用。

（载《中国地方志》1995 年第 5 期）

向考古学家夏鼐学习*

（1995 年 9 月 19 日）

夏鼐先生是中国现代考古学的奠基人之一，新中国考古工作的主要指导者和组织者，是在国内外学术界享有崇高声誉的杰出的考古学家，深受大家尊敬和爱戴的一代大师。今年是夏鼐先生诞辰 85 周年，又是他逝世 10 周年。中国社会科学院考古研究所在这个年度，开展面向全国的夏鼐考古学研究成果奖评选活动，是对夏鼐先生的极好的纪念。刚才不少同志带着深厚感情，讲述夏鼐先生的事迹，感人至深。我们纪念夏鼐先生，就要学习夏鼐先生。

第一，要学习夏鼐先生对考古事业执着的无私奉献精神。大家都还记得，1985 年夏鼐先生在中国考古学会第五次年会上作过题为《考古工作者需要有献身精神》的讲话。夏鼐先生说："如果我们想把我国考古学的水平提高到新的高度，这便需要我们有献身精神，在工作中找到乐趣，不羡慕别人能够得到舒服的享受，也不怕有人骂我们这种不怕吃苦的传统是旧思想、旧框框。"夏鼐先生本人正是不怕吃苦、无私奉献的模范。

---

* 在夏鼐考古学研究成果奖颁奖会上的讲话。

他数十年如一日，勤勤恳恳，兢兢业业，将最大的精力贡献于发展新中国的考古事业，贡献于对各项工作全面而具体的业务指导。他以身作则，即使疾病缠身，即使年事已高，仍不顾条件艰苦，亲临田野考古第一线。他克己奉公，不仅从不多花国家一分钱，还把国外友人赠送给他个人的许多贵重图书资料转赠考古所，把自己多年艰苦生活节省下来的三万元人民币捐给考古所，用以建立面向全国的考古学研究成果奖的基金。他做出的光辉榜样，教育了一辈又一辈考古工作者，并将继续激励后来人。毫无疑问，随着国家经济的发展，做领导工作的，要注意努力改善田野考古的工作条件和生活条件。可是，由于田野考古工作的特殊性，这种改善很难做到像其他许多工作那样舒服。作为考古工作者，任何时候都要向夏鼐先生学习，保持和发扬艰苦奋斗、无私奉献的精神。

第二，要学习夏鼐先生在学术研究中坚持马克思主义为指导的实事求是的严谨学风，大家知道，马克思列宁主义、毛泽东思想的精髓在于实事求是。毛泽东说过："马克思列宁主义是科学，科学是老老实实的学问，任何一点调皮都是不行的。"夏鼐先生学识渊博是出名的，治学严谨也是出名的，可以说有口皆碑、令人叹服。严肃、认真、刻苦、谦逊，这些可贵的学术品质，他都具备。他从不故弄玄虚，从不作言不及义的空谈。他熟悉中国历史的重要古籍，具有深厚的文献学基础，熟练掌握田野考古的各项专门技能，经常身体力行地进行现场指导。他注意在教研工作中利用自然科学的成果，善于吸收外国考古学的有益营养。他思路敏捷而又严密，通过详细占有第一手资料和扎实细致的认真分析，撰写出了一批高质量的学术论文，对中国史前考古学、中国历史考古学、中国科技史和中西交通史都有重要的建树，做出了影响深远的开拓性贡献。我们要珍视夏鼐先生留下的学术遗产。考古所应该尽早编辑出版夏鼐的考古文集，组织对夏鼐学术贡献和治学方法的论述、回忆，以便大家更好地学习。

21 世纪，应该是一个人才辈出的时代。我们迎接 21 世纪，培养跨世纪人才，寄希望于青年一代。青年同志要树立雄心壮志，学习夏鼐，继承夏鼐，超过夏鼐。要做出更多优秀的考古研究成果，使中国考古学更加兴旺发达。

（载《考古》1995 年第 11 期）

坚持正确的科研方向*

（1995 年 10 月 23 日）

召开全院党委书记会议，请同志们来专门研讨如何加强和改进思想政治工作，这是酝酿了很久的事情。现在，这个会议在一个好的地点、好的时机召开了。

好的地点就是西柏坡，在这里，党中央领导全国人民夺取新民主主义革命的胜利，迎来了新中国的诞生。在这里，召开了党的七届二中全会，毛主席做了报告，指引全国人民在取得全国胜利以后继续进行新的长征，要求大家务必保持谦虚、谨慎的作风，艰苦奋斗的作风，要求没有被拿枪的敌人征服过的、不愧为英雄称号的共产党人，不要在糖衣炮弹面前打败仗。这些教导，都具有非常重要的现实意义。

好的时机，是党的十四届五中全会刚刚结束，在这次会议上，通过了《中共中央关于制定国民经济和社会发展“九五”计划和 2010 年远景目标的建议》，江泽民同志在会上所做的重要讲话中强调指出，各级领导干部，一定要讲政治，包括政治方向、政治立场、政治观点、政治纪律、政治鉴别力、政治敏

---

* 在全院党委书记思想政治工作研讨会上的讲话。

锐性。他说："在政治问题上，一定要头脑清醒。""我们搞现代化建设，中心任务是发展经济，但是必须有政治保证，不讲政治、不讲政治纪律不行。"

我们这次研讨会在这样的地点、时间召开，应当开成一个继承发扬西柏坡精神、学习贯彻五中全会精神的会议。

在我院讲政治，讲思想政治工作，细说起来内容很多，但是，归根结底是要把我院建设成为马克思主义的坚强阵地，出好的、高质量的科研成果和德才兼备的、高水平的人才，为建设有中国特色的社会主义服务。做到了这些，思想政治工作就可以说做好了；否则，就是思想政治工作做得不够好，或者是没有做好。

按照这样的认识，围绕我院思想政治工作的根本任务，在这次会议开始时，我想提些问题，提点儿希望和要求，提请同志们研讨。

一　党委要把握好正确的科研方向

要出好的、高质量的科研成果，对推动建设有中国特色社会主义事业有益的研究成果，首先，就要有一个正确的科研方向。

江泽民同志在1991年2月接见我院的领导和学者时曾说："社会科学研究的方向正确与否，社会科学发展状况如何，对人们的思想意识和社会道德风尚，对经济建设，对社会稳定和发展，都会产生巨大而深刻的影响，甚至关系到中华民族的兴衰和社会主义的命运。"这段话，把坚持正确的科研方向的极端重要性讲透了。那么，怎样才能保证社会科学研究的正确方向呢？那就是必须坚持马克思主义为指导，能不能做到这一条，关系到社会科学研究能不能繁荣，关系到现实社会的经济、政治和文化的进程，关系到民族的兴衰和社会主义的成败。社会科学研究的方向如果走歪了，可能把我们的事业引向歧途；方向对了，就会取得许多有益的成果，对我国的社会发展起重要的推动作用。革命的时候是这样，建设的时期也是这样。

我院各级党委对坚持正确的科研方向是比较自觉的，许多科研工作者能够努力学习和运用马克思列宁主义、毛泽东思想和邓小平建设有中国特色社会主义理论，进行理论和学术研究，取得了丰硕的成果，在两个文明建设中起到了积极作用。不少成果对党和政府的决策发挥了咨询和参谋作用，受到中央领导同志的重视和好评。

在肯定主流的同时，也应该清醒地看到，我院也存在着一些不容忽视的问题。以及社会主义在世界范围内遭受到暂时的严重挫折，以及西方敌对势力推行“和平演变”战略，力图在我国实行“西化”“分化”，在这种国际大气候下，有些人对马克思主义的正确性产生了怀疑，对社会主义的信心发生了动摇，这对社会科学研究产生了不可低估的消极影响。主要表现在：有的人对社会科学研究必须以马克思主义为指导持否定态度，把马克思主义抛在一边，而从西方的时髦学说或从老得不能再老的意识形态中寻求思想武器；有的人信奉“淡化意识形态”或“非意识形态化”，实际上是在以某种意识形态来取代马克思主义这一科学的意识形态。于是，在一些学科，就有这样或那样的错误理论和错误观点在流传，而得不到应有的澄清，当然也有另一种情况，有的人教条地对待马克思主义，把重复马克思主义的某些论述看成是坚持马克思主义，而不去研究新问题、新情况，得出新结论。

这些现象的存在说明，在我院绝不能放松政治工作和思想工作，正像邓小平同志指出的那样，“到什么时候都得讲政治”。如果我们只埋头于各项具体工作，而忽视科研工作中的方向问题，那就不能把我院建成马克思主义的坚强阵地，就不能促进社会科学的繁荣，相反会出现严重的不良后果。我们要研究采取什么样的措施和方法，做好思想政治工作，引导人们自觉地坚持马克思主义的理论方向和科研方向。这次研讨会要着重研究这个问题，分析这方面的现状，哪些是好的，有哪些不足，问题在哪里，怎样来解决。

二　党委要致力于培养一支德才兼备的跨世纪人才队伍

我们不仅要把我院建成马克思主义的坚强阵地，而且要一代一代地巩固和发展这一阵地，这就必须寄希望于中青年。培养大批能坚持正确的科研方向、具有较高学术造诣的跨世纪人才，是摆在我院各级党组织面前的一项具有重大意义的战略任务。培养跨世纪人才队伍，当然也包括管理干部。

近年来，我院吸收了一批大学生，一批硕士、博士充实科研队伍，使科研队伍增添了不少新生力量。他们知识面广，对信息和现实问题有较强的敏感性，精力旺盛，敢于创新，有许多长处。但是，一些人的马克思主义理论功底不深，对中国的实际缺乏了解；有的人在学术上取得一些成绩后，就骄傲起来，热衷于出风头，争名夺利，缺乏严谨的学风，再不能继续刻苦地做研究工作。我院有一批老学者，他们的学问广博精深，学风严谨，非常谦虚，品德高尚，各方面都是我们学习的榜样。如已故的夏鼐副院长，外国文学研究所的冯至同志，哲学研究所的金岳霖同志等。现在有些年轻人在学问与学风、人品上不是正比例地发展，学问有一点儿，但是学风相比之下差一点儿，人品就更差一点儿。这样的同志即使在一个时期学问上取得了一些成就，但想有大成就恐怕很难。这就是我们党的思想政治工作需要帮助解决的问题。党管干部，就要把人的工作做好，其中很重要的一项工作，就是要引导和帮助中青年同志解决好成长过程中出现的问题。避免小有才而未闻道，避免昙花一现。

在培养和造就跨世纪人才队伍的工作中，一定要注意把那些思想政治素质好、具有真才实学、立志于献身科学研究事业、有培养前途的中青年人才纳入跨世纪人才培养工程中来，一定要按德才兼备的方针选拔、培养学科带头人。要引导中青年科研人员不断深入学习、钻研马克思主义理论，学会运用马克思主义的立场、观点、方法去分析和研究问题；要引导他们树立正确的世界观、人生观和价值观；引导他们深入实际，了解国情；引导他们向老一辈的专家、学者学习，树立良好的学风。

我建议，我院的出版社出一本书，请熟悉德高望重的老专家、老学者的同志、同事、学生，写一批文章，回忆和评述他们在学术上的成就，他们的学风，他们的为人，怎样刻苦钻研，怎样谦虚谨慎，怎样对待师长，怎样对待后进，怎样处理国家、集体和个人的关系，等等。如果能组织好，一定能写出一本很好的书，有许多动人的材料，感人的事迹。现在不写，以后恐怕再没有人能写了。

党委要把握正确的科研方向，要致力于造就和培养德才兼备的跨世纪人才，就要在各项工作中体现这些要求。科研项目及其主持人的选定、成果评估、职称评定、出国培训进修、干部的选拔和使用等，都存在一个导向问题，党委一定要抓住这些重要环节，做细致的工作，使得上面讲的两项任务和目标，在这些环节中得到具体的体现和落实，而不致使这两项任务显得很空，无从下手。

三　对党委书记提几点希望和要求

首先，党委书记要学习、学习、再学习。江泽民同志在五中全会讲话中指出，领导干部“如果不学习，怎么当好领导，怎么提高思想政治水平，怎么把握政治方向，怎么提高政治辨别力”？要把握正确的方向，提高政治的辨别力和政治的敏感性，就必须认真学习马克思列宁主义、毛泽东思想和邓小平建设有中国特色社会主义理论，学习党的“一个中心，两个基本点”的基本路线。还要学习专业知识，注意掌握学科的研究动向和理论倾向，要能够听得懂，看得懂。如果有些问题听不懂，看不懂，就要向别人请教，就要弄懂它，努力使自己成为内行。党委书记能成为专家当然更好，至少也要听得懂，看得懂。只有坚持不懈地学习，不断地提高自己，有了较高的理论修养和必需的专业知识，才能头脑清醒，才能分清什么是正确的，什么是错误的，什么是对错暂时难以下判断的；什么应该支持，什么应该反对，什么应该允许进行从容的讨论。这样，才能把“讲政治”落实到业务工作中去，才能把思想政治工作做到科研中去，否则，思想政治工作与业务工作就会成为“两张皮”。

第二，在坚持正确的科研方向上必须旗帜鲜明。头脑清醒了，分清是非了，还有一个敢于坚持的问题，还有旗帜鲜明的问题。中央之所以决定我院实行党委领导下的院、所长负责制，根本目的就是加强党对社会科学工作的领导。而坚持正确的政治方向、理论方向和科研方向，正是加强党对社会科学研究工作领导的重要体现。在事关方向的原则问题上，不能漠不关心，视而不见；不能模棱两可，折中调和。否则，就是软弱无力的领导，甚至是放弃领导。党委书记、党委委员，如果软弱无力，顾虑重重，左顾右盼，不敢直道而行，不敢旗帜鲜明，就难以指望这个党委领导的单位能坚持正确的方向。

第三，要努力营造一种好的环境和气氛。现在在一些单位和一些人中间，正确的、好的东西被冷落，受排斥，甚至遭到冷嘲热讽；而一些错误的、坏的东西却吃得开，有市场，受到同情和赞赏。这就要从多方位、多角度、多渠道开展思想政治工作，逐步改变这种氛围，形成另外一种氛围。在这种氛围里，正确的、好的东西得到支持和表彰，错误的、坏的东西得到扼制、批评和纠正，从而引导科研人员，特别是年轻同志沿着正确的方向前进。环境和氛围是能影响人的，好的环境和氛围能使人上进，不好的环境和氛围能使人堕落。当年在西柏坡这样的环境和氛围中，大家和衷共济，团结一致，艰苦奋斗，想搞腐化就很难。现在有些地方和单位个人主义、拜金主义、享乐主义泛滥，在这样的氛围中，意志不坚定者就容易堕落。所以，要创造一种好的氛围，有了一个好的氛围，许多工作就好做了，事半功倍。

第四，要认真贯彻党的“双百”方针。坚持正确的政治方向和理论方向不能简单化，既要敢于坚持，又要善于坚持，这就要贯彻好党的“双百”方针。百花齐放、百家争鸣是繁荣我国社会主义科学文化事业，包括繁荣社会科学研究的根本方针。这个方针与坚持以马克思主义为指导是完全一致的，而不是对立的。我们一定要记取历史经验，遵从社会科学研究的特点和真理发展的规律，区分学术问题和政治问题。政治方向问题不能含糊，要旗帜鲜明，但学术问题就不同了，要保障学术自由，鼓励和支持不同学派、不同学术观点的自由讨论和争鸣，对于学术是非，绝不能采取行政命令的办法去解决，而只能通过学者们的自由讨论和争鸣去解决，对于即使是非马克思主义者的有学术价值的研究成果，也应给予肯定。

第五，党委书记在政治上要起模范和表率作用。要自觉坚持党的基本路线，在政治上与党中央保持一致。要执行民主集中制原则，增强党委领导班子的团结。要严格按照党章的各项规定办事，做到“自重、自省、自警、自励”，廉洁奉公，以身作则。不但自己这样做，还要带好党委一班人也这样做，由此来影响广大群众。孔夫子说过：始吾于人也，听其言而信其行；今吾于人也，听其言而观其行。我们的群众个个都是孔夫子，都不但要看人们怎么说，更要看怎么做。只有言行一致，思想政治工作才会有力，才会有效。

作为这次会议的开场白，我就讲这些。希望通过这次研讨会，能够认清形势，明确任务，交流经验，定出措施，努力工作，开创我院思想政治工作的新局面，为把我院建设成为马克思主义的坚强阵地而奋斗。

（载《中国社会科学院通讯》1995 年 11 月 28 日）

扩展知识　树立良好学风*

（1995 年 12 月 22 日）

举行青年优秀成果评奖活动，现在是第二次。每隔三年对我院的青年科研成果做一次全面的检阅，是很有必要的。这是促使青年科研人员潜心研究、不断提高科研能力和水平的一个重要方法，也是实施培养我院跨世纪人才工程的一个重要途径。这次评奖结果表明，我院跨世纪的青年科研人员正在成长，并且发挥着越来越重要的作用，这是值得高兴的事情。

孔老夫子曾经说，“后生可畏”。他之所以认为后生可畏，不但是因为后生总要取代老生，更因为后生还会要超过老生、超过前辈。青年同志取得了一些研究成果，而且获奖了，但从超过老生这样一个标准来讲，仅仅是一个开始和起步。过去获得世界冠军的中国乒乓球队、女子排球队在每次获胜后，都说要从零开始，现在大家还不是世界冠军，更要保持清醒的头脑，继续向前迈进。

为了在科学研究方面取得更大成就，我想提几点希望：

第一，希望大家努力学习马克思列宁主义、毛泽东思想和

---

* 在院第二届青年优秀成果颁奖大会上的讲话。

邓小平建设有中国特色的社会主义理论。通过学习树立正确的世界观、人生观，掌握科学的研究方法。用马克思主义的立场、观点和方法去研究各种问题，可以保证有一个正确的方向，有锐利的武器，能够取得比较好的成绩。这方面应该说是有差距的，有的同志注意了，有的同志不那么注意，甚至置之度外。要增强学习的自觉性、积极性，提高理论水平。

第二，希望大家不断扩展、深化自己的专业知识及与专业有关的知识，打好雄厚的基础。专业知识要不断地扩展，既要掌握国内的，也要努力掌握国外的；不但要掌握过去的，而且尤其要注意掌握研究领域中最新的成果。人们常说，之所以能有成就是因为站在了巨人的肩膀上。那就应该弄清楚巨人的肩膀在哪里，以便自己站在巨人的肩膀上再前进，再高人一头。掌握的知识不仅是书本知识，还应包括实际知识，特别是与研究领域有关的中国的实际。学术研究必须密切联系中国的实际，使研究切实有用。

第三，希望大家树立良好的学风。首先要刻苦严谨。扎扎实实、实事求是地做学问，不浮不躁，不哗众取宠。其次要专心致志，心无旁骛，潜心研究，不图虚名，不出风头。不要把宝贵时间用于取得一些浮名和一时效应的活动上去。人的时间是有限的，是一个定量，用到这方面多了，用到科研方面的时间就会减少。最后要谦虚。已经有了一点儿成就，就更要注意谦虚。要向老一辈的学者、向同行、向比自己更年轻的后生学习，始终保持一种谦逊的态度。

在所有这些方面，我一直强调应该向我院的老一辈专家、学者学习，他们已经在这些方面做出了很好的榜样。这三条对于取得优秀的科研成果也许不是充分的，但无疑是必不可少的。如果缺少了，要有大的成就会很难很难。希望大家努力，不断开拓进取，做出无愧于时代的、高水平的马克思主义科研成果，为建设有中国特色的社会主义事业做贡献。

（载《中国社会科学院通讯》1995 年 12 月 31 日）

1996年度院工作会议上的讲话

（1996年1月15日）

这次工作会议的主题是，贯彻党的十四届五中全会精神，讨论、制订我院“九五”发展规划，并部署1996年的工作，为实施“九五”规划开个好头。

关于拟定我院“九五”发展规划，去年院工作会议上就已经提出。会后，各个研究所提出了未来五年自身发展的初步设想。各职能局就学科建设、课题设置、人才培养、科研办公手段现代化、后勤保障等问题进行了调查研究，在这个基础上草拟了院“九五”发展规划。其间专门听取过部分所局领导同志对草稿的意见，院党委、院务会议两次开会讨论，目的是制定出一个适应未来五年发展需要、面向21世纪、符合我院实际情况的比较好的规划。这个规划讨论稿，还有《中国社会科学院1995年工作回顾和1996年工作要点（讨论稿）》，已经印发给大家。希望同志们认真讨论，提出修改意见，以便集中大家的智慧，把这两个文件制定好，明确任务，在今后五年里把我院各方面的工作不断推向前进，以新的面貌进入21世纪。

这里，我受院党委和院务会议的委托，就两个问题讲点意见。

一 振奋精神，发展和繁荣社会科学

中共中央关于制定“九五”计划和2010年远景目标的建议，提出了跨世纪的建设蓝图。中央提出要实现经济体制和经济增长方式的根本性转变，使国民经济得以持续、快速、健康发展；要加强社会主义精神文明建设，加强民主和法制建设，求得社会的全面进步。实现这个蓝图，我国必将更加兴旺发达，以更加昂扬的姿态跨入21世纪。

我国面临的各方面的发展任务是宏伟的，也是艰巨的。当前，国际格局正处在深刻的变动之中，世界社会主义运动处于低潮，西方敌对势力亡我之心不死。国内建设在迅速发展的同时，也遇到了许多不容忽视的矛盾。要克服存在的困难，解决复杂的矛盾，卓有成效地建设有中国特色的社会主义，使国家日益强大，有赖于全国上下各条战线的共同奋斗。

在这个宏伟而艰巨的事业中，社会科学研究者肩负着重大的责任。正如江泽民同志精辟地指出的：“社会科学研究的方向正确与否，社会科学发展状况如何，对人们的思想意识和社会道德风尚，对经济建设，对社会稳定和发展，都会产生巨大和深刻的影响，甚至关系到中华民族的兴衰和社会主义的命运。”

在这个宏伟而艰巨的事业中，社会科学研究工作应该而且也能够大显身手，求得自身的发展和繁荣。社会科学的发展离不开一定的社会环境和历史条件。社会实践的发展变化，历来是社会科学发展的源泉。十多年来改革开放和社会主义现代化建设的丰富实践经验，需要理论的进一步总结、概括和升华。

经济和社会发展中已经提出和将会提出的许多重大问题，需要给予科学的解答。在市场经济条件下，如何建设社会主义精神文明，越来越突出地提到了人们面前。人们对于理论、智力支持的需求越来越迫切。在世界社会主义处于低潮的情况下，需要深入总结社会主义发展的经验教训，令人信服地回答马克思主义和社会主义的历史命运。对于资本主义发展的新情况，需要做出科学的分析和研究，得出新的结论。在马克思主义基本理论受到冲击的情况下，需要从各方面加强研究，以坚持和发展马克思主义，等等。所有这些都清楚地表明，以马克思主义为指导的社会科学，面对着难得的机遇和严峻的挑战。在诸如此类的重大问题上，如果我们的科研工作取得明显的突破，做出高水平的有说服力的成果，就会迎来社会科学自身的发展和繁荣，就会对建设有中国特色的社会主义起到很大的促进作用。

我院在“九五”期间，理应在发展社会科学、实现国家的建设蓝图方面做出贡献，这就是我们制定“九五”规划的基本出发点。在“八五”期间，我院的社会科学研究和各项工作都取得了很大的成就。但是仍落后于实践，还不能适应党和国家的需要。科研队伍青黄不接，不少学科缺乏高水平的学术带头人和骨干，整体素质也有待进一步提高；科研手段现代化和信息网络建设严重滞后；经费不足，住房紧张，职工的物质生活待遇偏低；适应社会主义市场经济体制而又符合社会科学规律和特点的科研管理体制尚未建立起来。我们也有许多有利条件。我们拥有经过多年发展所形成的相当规模的学科基础，拥有一支有志于科学研究和较高水平的科研队伍，有比较稳定的科研工作环境和基本的经费、物质条件。我们面临的困难，有些需要争得国家有关部门的支持和解决，如经费、住房、中心图书馆建设、职称指标和科研手段现代化等，但是，更多的则需要自己做好工作来逐步克服。我们一定要振奋精神，克服畏难情绪、悲观情绪，发挥广大科研人员和职工的积极性、创造性，运用有利条件，解决存在的问题，把握机遇，迎接挑战，切实负起发展和繁荣社会科学、建设好中国社会科学院的职责。

中国社会科学院“九五”规划提出，“九五”期间我院各方面的工作都应该上一个新台阶。总的任务是：在党的基本理论、基本路线和基本方针指导下，根据国家“九五”经济社会发展的需要，大力加强对建设有中国特色社会主义重大理论和实践问题的研究，建设一支跨世纪的社会科学专业人才队伍和社会科学管理人才队伍，推出一批全国一流的科研成果。争取到20世纪末，初步实现把我院“建设成为学科布局合理而又重点突出的，人员精干而又高水平的，开放而又充满活力的马克思主义坚强阵地，以更好地为改革开放和两个文明建设服务，当好党中央和国务院的参谋和助手。规划讨论稿提出了今后五年的一些具体目标。其中最主要的有，加强重点学科建设，争取到2000年有100个左右的二、三级学科在全国学术界占有优势地位。五年内推出100项左右重要科研成果，其中要有30—40项是对两个文明建设和学科建设有重大影响的作品。所谓重大影响，不仅是指在学术界，而且要在全社会，有些不仅在国内，而且要在国际上处于前列，成为传世之作。五年内要培养、造就200名左右学术造诣较深、德才兼备的中青年学科带头人和100名左右具有较高政治素质又有较强管理能力的党政干部。要加速科研、办公手段现代化建设，基本建成全院综合信息系统，等等。如果实现不了以上的奋斗目标，那么中国社会科学院就与新的世纪不相称，就与最高社会科学研究机构的地位不相称，就与我院应该做出的贡献不相称。

“九五”期间的总任务和主要目标定得是否恰当？在征求意见时，有的同志认为保守了点儿，不够鼓舞人心。院党委和院务会议在认真考虑之后认为，要完成总任务、实现奋斗目标并不容易，计划定得少一点儿，不会成为束缚，不会妨碍我们取得更大的成就。反过来，目标定得过高，话说得过满，事实上无法达到，就不好了。

二　坚持以马克思列宁主义、毛泽东思想和建设有中国特色社会主义理论为指导

为保证总任务和奋斗目标的实现，“九五”规划（讨论稿）中提出了我院发展的八条指导方针。这些方针是多年来办院经验的总结，都必须认真贯彻执行。而坚持以马克思列宁主义、毛泽东思想和建设有中国特色社会主义理论为指导，对于我院的建设和发展来说，是一条最根本的方针，是总揽全局的方针。

同志们都知道，1994 年我院召开工作会议时，江泽民同志给我院的题词是：“加强学习，总结经验，坚持理论联系实际，把中国社会科学院建设成为马克思主义的坚强阵地。”中央领导同志的题词，明确地规定了中国社会科学院的办院宗旨、指导方针和根本任务。在 1995 年召开的党的十四届五中全会上，江泽民同志强调党的高级干部一定要讲政治，包括政治方向、政治立场、政治观点、政治纪律、政治鉴别力和政治敏锐性。

他要求各级领导干部始终保持政治上的清醒和坚定，在重大问题上一定要坚持原则、明辨是非，防止在日益复杂的斗争中迷失方向。认真地学习和贯彻中央领导同志的这些指示精神，归根到底就是要以马克思列宁主义、毛泽东思想和建设有中国特色社会主义理论为指导，坚持正确的政治方向、理论方向和科研方向，把中国社会科学院建设成为马克思主义的坚强阵地。

马克思主义是科学的世界观和方法论。努力掌握和运用马克思主义的立场、观点、方法，就能保证科研工作的正确方向，做出优秀的科学成果，成为有高深造诣的专家、学者，为社会科学的发展繁荣，为社会主义事业做出杰出贡献。回顾历史，马克思主义哺育了我国一代又一代的社会科学工作者。以郭沫若、范文澜、侯外庐、孙冶方等为代表的老一辈社会科学家，正是因为他们努力学习马克思主义并运用于指导科学研究工作，从而对我国社会科学做出了开拓性、奠基性的贡献，成为享誉海内外的大学问家。新中国成立后培养起来的一批又一批社会科学工作者，也正是因为他们坚持运用马克思主义的立场、观点和方法指导科学研究，从而得以在各自的研究领域取得成就，为社会科学的繁荣做出贡献，而且至今仍是社会科学各个领域的学术带头人和中坚力量。20 世纪 80 年代以来成长起来的年轻一代的社会科学工作者，经历了改革开放以后从西方涌来的各种思潮、学说的撞击和影响，他们中的许多人经过分析比较，最终选择了马克思主义，从而成为社会科学研究队伍中的新生力量、骨干力量。

在坚持以马克思列宁主义、毛泽东思想和建设有中国特色社会主义理论为指导的问题上，还可以看到这样三种情况：第一种是信仰马克思主义，但却是教条主义地对待马克思主义。

这些同志习惯于重复马克思主义的个别原理和结论，却不善于运用马克思主义的观点和方法研究新情况，解决新问题，得出新结论。第二种是对马克思主义抱怀疑态度。这些同志不学习、不了解马克思主义，在研究工作中把马克思主义撇在一边，却盲目地从别的什么学说和理论中寻找武器或根据。第三种是否定、反对马克思主义。他们在所谓批“左”以及“消解主流意识形态”等旗号下，企图埋葬马克思主义，确立资产阶级意识形态的指导地位。具有第三种特征的人当然是极少的，但是，他们散布的“病毒”却不同程度地传染、侵蚀着我们的一些同志。这些情况说明，要坚定不移地贯彻以马克思主义为指导的方针，还有十分艰巨、细致的工作要做。我们应当热情帮助第一种人转变思想方法；积极引导第二种人学习并确立对马克思主义的信仰；即使对于第三种人，也要努力做争取工作，促使他们转变立场，如果转变不了，就要尽量减小他们的影响。这样才能真正地贯彻落实中央关于建设马克思主义坚强阵地的要求。实现出人才、出成果的目标。

坚持以马克思列宁主义、毛泽东思想和建设有中国特色社会主义理论为指导，就要组织力量，加强对马克思主义基本理论和实际问题的研究，做好“发展马克思主义”这篇大文章。马克思主义的基本理论、基本原理是颠扑不破、不可动摇的真理。但这绝不意味着，它的具体结论都是永远普遍适用的。马克思主义的生命在于发展。马克思主义只有随着人类历史的前进和社会实践的发展，不断地用新的观点、新的结论来充实、丰富自己，纠正被实践证明某些过时的具体结论，才能永远具有强大的生命力、战斗力，才能始终掌握人民群众，成为亿万人民认识世界、改造世界的精神武器。

关于发展马克思主义的问题，胡绳院长在谈我院的“九五”规划时，提出了几个重大问题，要求大家着重研究。第一个问题，是要研究马克思主义关于阶级、阶级斗争的学说。这一学说过时了没有？当然没有。但是，当今资本主义国家的阶级状况、阶级斗争的形式和形势，与马克思和恩格斯所处的时代有很大的不同。不能照搬马克思恩格斯经典著作中已有的具体结论，必须依据新的资料得出新的结论，以丰富和发展马克思主义的阶级、阶级斗争学说。第二个问题，是要研究马克思主义关于社会主义革命的学说。马克思主义所揭示的资本主义社会必然会被社会主义社会所取代的客观规律，是不以人的主观意志为转移的。和平与发展，决不表明“资本主义万岁”，社会主义取代资本主义还得要革命。至于革命以什么样的形式来实现，是只有一种形式，还是可能有多种形式，就要在深入研究当前资本主义世界政治、经济、文化、社会以及阶级形势的基础上，概括出新的观点、新的结论。第三个问题，是要研究马克思主义关于社会主义的学说。苏联、东欧的演变，留下了惨痛的教训。我国在建设有中国特色的社会主义道路上前进，积累了宝贵的经验，也有不少重大的有待解决的问题，如怎样对待私营经济，有没有出现新的阶级等问题都需要研究。要深入研究这些问题，以拓展和深化建设有中国特色社会主义理论，丰富和发展马克思主义关于社会主义的学说。

在社会科学领域坚持以马克思主义为指导和坚持“百花齐放、百家争鸣”的方针是一致的。“双百方针”是我们党繁荣学术文化的一项基本方针。马克思主义要在“百家争鸣”中依靠其真理的力量，实现自己的指导作用。正确贯彻“双百”方针，应当以坚持四项基本原则，坚持党的基本理论和基本路线为前提。要使以马克思主义为指导的社会科学研究，成为主流。同时，也要提倡不同学派和不同观点之间的切磋、讨论，包括以马克思主义为指导的学者之间，以及马克思主义者与非马克思主义者之间的切磋和讨论。对于非马克思主义者的研究成果，只要具有科学价值，同样要给予肯定和吸收。不能因为强调要有正确的理论导向，就轻率地排斥学者们通过研究和探索得出的又未曾见诸本本的新观点；也不能因为强调要保护学者的创新精神，就忽视对错误倾向、观点的纠正。对于错误的东西，要通过讨论和争鸣来克服。提倡学术上的批评与反批评，当然，这种批评与反批评，都应当是有根据的、充分说理的，而不能是简单的、粗暴的。只有在百花齐放、百家争鸣的环境和条件下，才会有学术的创新和发展，才会有马克思主义的发展。

在科学研究工作中强调以马克思主义为指导，强调讲政治，给我们在座的所局级领导干部提出了很高的要求。首先，我们自己必须是马克思主义的忠诚信仰者，应当努力掌握和运用马克思主义指导科研工作，在这方面做出成绩，做出榜样。其次，要有清醒的头脑，敢于坚持原则，在重大问题上要明辨是非，不能搞折中、“和稀泥”。我们不少同志在这方面表现是好的，如对于私有化思潮，对于所谓“文化保守主义”，对于近现代史研究中各种否定革命、为反动人物翻案的错误观点，许多同志都明确地表示了自己的反对立场，发表了研究文章和讲话。再次，要支持政治方向、理论方向和科研方向正确的同志，帮助认识上模糊或不正确的同志，吸引更多的人站到马克思主义的旗帜下。课题立项、主持人的选定、成果考核、职称晋升、干部使用等都要有鲜明的导向。同志们都是负责某一单位和某个方面工作的，“守土有责”，让我们一起为把我院建设成为马克思主义的坚强阵地，出更多更好的人才和成果而努力奋斗。

印发给大家的1996年工作要点，对各项工作已经作了具体部署。希望大家切实抓好重点学科建设，认真组织实施院“九五”规划重点科研项目，确保陆续推出精品；继续深化人事制度改革，全面推开双向选择工作，抓好科研和管理两支队伍的建设；加快科研和办公手段现代化的步伐，在建设计算机通信网络和数据库系统方面要取得明显进展。要完成今年的繁重任务，院、所领导都要把主要精力用于院内、所内的工作，更多地关注，更多地投入。各职能局要提高办事效率，更好地为各所服务。我相信，依靠全院科研人员和干部职工的共同努力，在新的一年里，我们是能够把各项工作向前推进的。

我就讲这些，供大家讨论，不对的地方，请批评指正。

（载《社会科学管理》1996年第1期）

院领导班子近几年工作的汇报

（1996 年 4 月 25 日）

根据中央考察组的安排，现在，我代表院领导班子述职。

这届院党委，也就是院领导班子，共有九位同志，其中胡绳、汝信、龙永枢三位同志是连任，王忍之、滕藤、王洛林、刘吉、郭永才五位同志在 1993 年陆续任职，李英唐同志 1994 年到任。可以说，这届班子基本上是 1993 年形成的。关于 1993、1994、1995 年的工作，院党委在 1994、1995、1996 年度的院工作会议上，都向大会作过报告，并经过讨论修改后，印发全院。因为有了这三个报告，加上时间限制，今天，我只能对几年来的工作情况作一简要汇报，请考察组和同志们审议。

一　关于坚持以马克思主义为指导，保证正确的政治方向、理论方向和科研方向

1994 年 2 月，江泽民同志为我院工作会议题词：“加强学习，总结经验，坚持理论联系实际，把中国社会科学院建设成为马克思主义的坚强阵地。”李鹏同志也为会议题词：“以研究

有中国特色社会主义理论为崇高使命。”我们坚决贯彻执行中央领导的指示，明确地提出，为了把我院建设成为马克思主义坚强阵地，必须把坚持以马克思列宁主义、毛泽东思想和邓小平建设有中国特色社会主义理论为指导作为我院总揽全局的根本方针，并将其贯彻到思想建设、科学研究、组织人事、对外学术交流等方面。

在思想建设方面，院党委重视组织全院同志认真学习马克思列宁主义、毛泽东思想，特别是邓小平建设有中国特色社会主义理论。通过院、所党委中心学习组、处以上干部学习班、学习经验交流会等多种形式，组织学习《邓小平文选》，特别是第三卷。按照中共中央部的要求，组织全院党员开展了“学理论学党章活动”，对于明确什么是社会主义，如何建设社会主义，坚定走中国特色社会主义道路的信心；对于树立全心全意为人民服务的宗旨，树立正确的世界观、人生观、价值观，增强党性观念，收到了较好的效果。五中全会以后，组织干部和群众认真学习和贯彻江总书记“一定要讲政治”的讲话精神，召开了首次全院党委书记思想政治工作研讨会和专家学者“讲政治”研讨会。院党委成员分别同各局、所领导班子一起研究如何落实“讲政治”的具体措施。各单位针对本学科、本部门的特点，确定了马克思主义基本理论必读书目，并制订了学习计划和制度。通过学习，进一步明确了在我院讲政治，就是要坚持以马克思主义为指导；坚持正确的政治方向、理论方向和科研方向；树立正确的世界观、人生观和价值观，多出好的成果和优秀人才，为建设有中国特色的社会主义服务。

在科学研究方面，院党委反复强调，要努力掌握和运用马克思主义的立场、观点、方法指导研究工作；各级领导干部在政治原则和重要理论问题上要头脑清醒，旗帜鲜明，“守土有责”。江泽民同志指出，在七个重大原则问题上要划清是非界限，院党委在这方面是注意的，对于坚持正确观点的同志是予以支持和表彰的；对于有意无意混淆原则界限，甚至颠倒是非的错误思想观点是抵制、反对的。同时，院党委一再强调，讲政治，坚持以马克思主义为指导同贯彻党的“双百方针”是统一的，并注意划清政治问题与学术问题的界限，切实保障学术自由，努力营造健康、活跃的学术氛围。院党委还要求院有关职能部门和研究所加强学术理论动态的分析、研究和评论，把握好理论方向。在这些方面，我院有不少的同志表现是好的，对私有化思潮，“文化保守主义”，消解政治、消解意识形态的倾向，歪曲中国近现代社会性质、否定革命、为反动历史人物翻案的错误理论，明确地表明了自己的反对立场，发表了有说服力的文章或讲话。

在组织人事工作方面，把坚持正确方向的要求体现到年终考核、职称晋升、干部提拔、出国进修等各个重要环节中，发挥正确导向作用。如在近两年的职称评定工作中，对于那些坚持以马克思主义为指导，经过刻苦钻研，取得优秀科研成果的科研人员，都予以肯定，有的甚至破格晋升；而对那些发表了有严重错误理论倾向论著的人员，经过评审委员会的民主评议，则不予晋升。这种在政治上坚持原则的做法，得到了广大群众的赞成。

在对外学术交流方面，既注意适当扩大交流规模，尽量争取资助，又坚持“以我为主，对我有利”的方针。通过交流，促进了科学研究和人才培养，同时警惕境外敌对势力的渗透，反对见钱眼开、见利忘义的倾向。不断完善对长期出国留学、进修人员的选拔工作，注意选派政治素质好、业务能力强、有培养前途的中青年科研骨干出国留学、进修。由于加强了管理和思想教育，近两年派遣出国的人员全部按期返回，有的已成为科研骨干。此外还对前些年出国逾期不归人员进行了清理。

近几年来，由于加强了思想政治工作，维护社会稳定，无论是在每年的“敏感期”，还是在改革触动了一部分人眼前利益的情况下，我院都没有出现大的波动，形成了稳定、团结、向上的局面，为科研和其他工作的顺利进行创造了良好的政治环境。

在我院，讲政治，坚持以马克思主义为指导，总的情况是好的。但也应看到，在坚持以马克思主义为指导方面，并不是所有的人都解决得很好。有些人还存在着模糊认识，有些人还抱着错误的态度，个别人甚至还发出一些否定或反对马克思主义的杂音。从我们的工作角度来看，在某些环节上，也还有不够得力之处。这些都表明，要坚定不移地贯彻以马克思主义为指导，要把讲政治的精神真正落到实处，还需要做长期的艰苦的努力。

二　关于坚持以改革为动力，推动科研及其他工作

在1994年的院工作会议上，院党委和院务会议提出了把我院“建设成为学科布局合理而又重点突出的、人员精干而又高水平的、开放而又充满活力的马克思主义坚强阵地，以更好地为改革开放和两个文明建设服务，当好党中央和国务院的参谋和助手”的发展战略目标，并确定了以改革为动力、推动科研及其他各项工作、逐步朝着这一发展战略目标迈进等四条工

作方针。这几年来，我们积极而又慎重地出台了一些改革方案和措施。其中主要有：

1. 调整学科布局，加强重点学科建设

原来，我院的学科布局存在着摊子过大、战线过长、力量分散、某些方面同现代化建设和精神文明建设不相适应的情况。为了解决这些方面的问题，进行了我院建院以来第一次涉及全院的学科调整。院党委和院务会议确定了“根据需要和可能，有所加强，有所保持，有所舍弃，既确保主攻方向，又兼顾各学科共同繁荣”的指导思想。从 1994 年开始，对各学科发展状况进行了普遍的调查、分析和研究，于 1995 年初拟定了全院学科调整方案。按照拟定的方案，全院二、三级学科将由 300 个左右收缩至 260 个左右，其中 131 个学科被确定为重点学科和予以加强的学科。

按照这一方案，我院基础理论研究、人文学科已经形成的优势将得以保持，同建设有中国特色社会主义理论相关的学科，以及改革开放和两个文明建设所迫切需要的学科将得到明显加强；战线有所收缩，但幅度适当，且调整的步骤、方式比较平稳。为了较好地、切实地落实这一方案，1995 年又提出了在“九五”期间对 50 个重点学科和重点扶持学科实行目标管理责任制。这些措施和学科调整方案的逐步到位，将使我院向“学科布局合理而又重点突出”的目标迈进一大步。

2. 适当压缩规模，优化队伍结构

长期以来，我院存在队伍庞大，人浮于事，队伍结构不尽合理，研究人员所占比重较低（不到 60%）的弊端。这种情况导致效率不高，经费、住房紧张。为了解决这些问题，我们在拟定“三定”方案的过程中，决定适当压缩规模，重点调整人员结构，提高研究人员比重；规定除个别特殊情况外，不再从院外调入行政管理、编辑和图书资料人员。经过这几年的工作，在在编人员有所减少的情况下，研究人员所占比重增加了3.8个百分点，其他人员所占比重相应下降。

3. 建立评估考核制度和竞争激励机制

针对部分人不求上进、能上不能下、能进不能出、干好干坏一个样的问题，我们在建立奖勤罚懒的竞争机制方面，做了一些工作，先后制定了科研成果评估指标体系、管理人员和专业人员考核办法、对不称职人员处理规定等规章制度。根据这些制度，1994年、1995年对全院职工进行了业绩考核，对考核优秀者给予了奖励，对考核不称职人员分别给予了解聘、低聘和减少津贴、限期调离的处理。1995年还在14个研究所进行了“双向选择”试点，调整岗位47人，分流富余人员87人，今年将在全院全面铺开。这些改革措施的出台，初步打破了那种只能上不能下、只能进不能出、干好干坏一个样的局面。

4. 图书管理体制改革初见成效

为推进图书管理现代化，1994年，我们决定改革图书管理体制，并确定了“精心设计，妥善运作，平衡过渡，更好服务”的方针。由于院所紧密配合，改革进展顺利，初步扭转了科研大楼内各所图书馆自成体系、互相封闭、图书资料重复采购、专业馆藏日渐衰竭的局面。

5. 积极稳妥地推进行政后勤管理体制改革，提高综合管理和服务水平

经费不足、住房紧张、科研手段落后、职工收入偏低等实际困难，严重制约着我院科研事业的发展，影响了科研队伍的稳定。为了解决这些问题，我们一方面积极争取国家有关部门的支持，

增加我院的科研事业经费和基本建设投资，以及图书资料和科研手段现代化建设专项基金，努力改善我院的科研条件和职工生活条件。另一方面，加快行政后勤管理体制改革步伐，以增收节支，合理利用资源。1993 年，为推动服务社会化，组建了服务总公司，实现管理与服务分开。1994 年以后，在住房紧张的情况下，出台了职工住房管理办法，收回闲置住房 40 多套。以后，又陆续出台了《职工医疗制度改革暂行规定》《关于领导干部和科研人员公费安装电话和支付月租的规定》《研究所业务经费分配管理试行办法》等改革措施。在开发第三产业、拓展创收途径方面也取得了一定成绩。我们在争取改善科研和职工生活条件方面虽然做了一些工作，但步子还不够大，加上历史欠账太多，面临的种种困难还没有得到基本缓解，还需继续努力。

总之，本届院党委和院务会议对改革工作是重视的，这几年推出的改革措施因涉及职工的切身利益，每一项改革措施出台的时候，都有不同反映。院党委广泛听取各种意见，权衡利弊，慎重决策，精心设计，稳妥推行。现在看来，经过几年实践，这些改革措施已经得到广大职工的认可，效果是好的。但是，到底如何建立同社会主义市场经济体制相适应的社会科学管理体制，还有许多问题需要研究，还有许多文章要做，特别是建立竞争激励机制的问题还远未解决。我们有决心、有信心团结全院职工，集中大家的智慧，逐步把改革推向深入。

三　关于坚持以科研为中心，出成果、出人才问题

我院是个科研单位，中心任务是出高质量的科研成果和高

水平的科研人才，院党委和院务会议紧紧扭住这个中心不放松。几年来，特别注意抓了以下几个环节：

第一，坚持把关于马克思主义基本理论，特别是建设有中国特色社会主义理论的研究放在突出地位。协调各有关学科的研究力量，1994 年初成立了“中国社会科学院建设有中国特色社会主义理论研究中心”。中心成立后，组织或参与组织了两次全国性的邓小平建设有中国特色社会主义理论研讨会，对我院和全国社科界、理论界深入研究建设有中国特色社会主义理论起了推动作用。由中心确立和组织实施的 12 个院重点项目已完成了 5 项，推出了《20—21 世纪社会主义的回顾与瞻望》《有中国特色的社会主义建设和当代世界》等有较大社会影响的成果。根据胡绳院长的提议，在我院“九五”发展规划中，把对马克思主义几个重要基本理论的研究列为院重点科研项目。

第二，倡导理论联系实际，鼓励科研人员围绕改革开放和两个文明建设中的重大实践问题选题立项，为改革开放和两个文明建设提供智力支持和理论保障。在近两年及“九五”规划确立的重点项目中，这方面的选题一般占 60% 左右。

第三，注重抓“拳头产品”。要求主管学科片的院长和各所领导亲自抓 1—3 个重大项目，科研经费、科研力量向重大项目倾斜。

第四，加强对重点项目执行情况的检查、督促和重点项目成果的评估验收。

由于指导思想明确，重点突出，措施较为得力，加上广大科研人员的辛勤耕耘，近两年来我院的科研成绩较为显著。1994 年和 1995 年完成的学术专著连续两年突破 400 部，学术论文每年近4000篇，研究报告每年600份左右，均为建院以来成果最丰富的年份。在这些成果中，有不少具有较高的学术水平，产生了较大的社会影响和社会效益。对此，在1994年和今年的工作会议期间，中央领导同志的来信、来电及李铁映同志在会议上的讲话中都给予了充分肯定。至于这些成果的具体情况，已在这几年的工作会议报告中作了列举和说明，这里不再赘述。

院党委和院务会议还重视抓人才培养，特别是中青年科研骨干的培养。为了鼓励中青年科研人员积极进取、早日成才，近几年出台了一系列向中青年科研骨干倾斜的政策。如，设立青年研究基金，专项资助青年科研人员的科研活动；在继续进行国家级有突出贡献中青年专家选拔工作的同时，建立了评选院级有突出贡献中青年专家制度；在高级职称指标极度紧张的情况下，拨出一定额度用于优秀中青年科研骨干的破格晋升；在住房非常困难的情况下，每年预留20套宿舍，用于从院外遴选中青年科研骨干和解决院内中青年骨干的住房困难；优先选派优秀中青年科研骨干出国留学、进修；选送优秀中青年科研骨干进党校培训，以提高马克思主义基本理论素养；定期组织院级青年优秀科研成果奖评奖活动，奖励取得优异成绩的青年科研人员，等等。实施这些倾斜措施，为中青年研究人员的尽快成长营造了一个较好的环境，涌现出了一批优秀中青年科研骨干，其中不少已在学术界崭露头角。据最近的摸底调查，在40岁左右的中青年科研骨干中，有可能在三五年内成长为学科带头人的中青年学者，有望超过100人。正是由于有这样的一批中青年科研骨干脱颖而出，前些年一些学科存在的严重的人才断层问题得到了缓解。

在出成果、出人才方面，同事业发展的客观需要相比还存在很大差距。总的来说，有重大影响的科研成果还不够多，有些学科人才断层的问题仍未解决。针对存在的这些问题，我院“九五”发展规划提出了“1121”的具体发展目标。这一目标的实现，将使我院在“九五”期间迈上一个新的台阶。

四　关于加强党的建设,改善党的领导

这方面我们主要做了以下一些工作：

1. 加强了院党委领导班子的自身建设

院党委对党中央的方针政策和重大决策，坚持及时组织学习讨论，不断提高自身的政治素质和领导水平。对邓小平建设有中国特色社会主义理论和党的十四届历次全会文件，院党委都组织了认真学习。院党委在实际工作中是努力坚持党的基本理论、基本路线、基本方针的；在政治上是同以江泽民同志为核心的党中央保持一致的；是讲政治，注意把握方向，注意执行“双百方针”和知识分子政策的。

院党委较好地坚持了党的民主集中制，凡属重大问题都由院党委会集体讨论决定，然后分工执行。党委成员按各自的分工，各负其责，努力工作。党委班子内部团结融洽，互相尊重，相互配合，协调一致。

院党委注重勤政廉政。按时召开民主生活会，并按要求听取基层单位领导和群众的意见；党委成员严于律己，自觉遵守中央关于廉政建设的各项规定，没有出现超标违纪现象，是一个廉洁的班子。为了加强全院廉政建设，先后制定了《关于对处以上党员领导干部加强监督的暂行规定》等三项专门条例或规定。根据社会科学研究工作的特点，还特别强调了全院党员

要坚决遵守党的政治纪律和新闻出版纪律。

院党委成员在工作作风方面，还存在一些不足。工作不够深入，联系群众不够广泛，对研究所的工作指导不够具体等现象，还需要进一步加以克服和改进。

2. 加强了所局领导班子建设

从1993年下半年至1994年初，院属各单位陆续完成了所局领导班子的换届工作。这次换届，坚持干部“四化”标准和德才兼备的原则，广泛听取群众意见，经过认真的考察，使一批优秀干部，特别是优秀中青年干部进入所局领导班子。去年，又对少部分所局干部进行了调整。经过换届和调整，改善了所局班子的年龄结构和政治、业务素质。与换届工作同步，调整或组建了24个研究所党委和5个联合党委，在全院各研究所完成了由所长负责制向党委领导下的所长负责制的转轨。院党委对《研究所党委会工作条例》进行了修订，并抓紧贯彻落实。两年多来的实践证明，新的领导体制的建立和《所党委会工作条例》的实施，使研究所党的领导得到加强和改善，保障了党的路线、方针、政策的贯彻执行。

院党校在干部培养工作中起着重要作用。根据中央的有关精神，我们制定了进一步加强我院党校工作的意见，把进党校学习作为干部晋升和使用的必备条件，努力把院党校办成处以上干部和科研骨干理论培训的基地和党性锻炼的熔炉。

在所局领导班子建设方面，我们虽然做了不少工作，但也存在一些问题，其中最突出的是，所局干部队伍后继乏人。这个问题应该引起我们的高度重视。

3. 加强了基层党支部建设

为了贯彻十四届四中全会决定精神，院党委于1994年10

月召开了为期三天的全院首次基层党支部建设工作会议，院属各单位党委书记、党办主任和全院近300个党支部的支部书记共400余人出席会议。通过这次会议，大家进一步认识到新时期加强党支部建设工作的重要性和必要性，明确了支部工作的性质和任务。

以上就是对三年来院党委、院务会议工作的简要汇报。由于有党中央、国务院的正确领导，广大干部和职工的支持，加上领导班子的齐心协力，我们的工作取得了一定的成绩，但同党中央、国务院的要求和全院职工的殷切期望相比，还存在较大差距，诚恳欢迎大家批评帮助。

（载《文献汇编》1996年第1期）

多出高质量的科研成果*

（1996 年 10 月 1 日）

继 1993 年举行首届中国社会科学院优秀成果奖之后，我院进行了第二次全院性的成果评奖活动。评奖的范围，在时间上承接上届，即 1992—1994 年期间的科研成果。考虑到社会科学的研究成果，需要经过一段时间的实践检验和尽可能广泛地听取学术界、社会反映之后，才可能进行较为充分和准确的评价。所以，1995 年以来新完成的成果，没有列入此次评奖范围。

连续两届评奖活动，显示我院科研成果的评奖工作已经走向经常化和制度化。这有利于进一步完善科研管理，形成激励机制，鼓励广大科研人员的积极性和创造性，更好地出成果。我们希望，优秀科研成果对全院的科研工作起到导向作用，使之沿着正确的政治理论科研方向前进。

1992—1994 年，我院完成了大量的科研成果。其中包括 1337 部专著、11000 多篇学术论文和 1600 多份研究报告等，是建院以来完成成果数量较多的年份。这表明，我院的广大科研

---

* 在第二届优秀科研成果颁奖大会上的讲话。

人员在市场经济大潮下不仅没有放松科学研究工作，而且付出了辛勤的劳动。当然，衡量工作成绩大小和事业是否繁荣的标准，不仅要看成果的数量，更要看成果的质量。从科学研究的角度讲，一项高水平成果的价值，是任何数量的平庸重复之作都无法比拟的。我院在1992—1994年完成的一千多部专著、一万多篇论文和研究报告中，尽管有一部分是质量平平的作品，但确有相当一批是质量上乘的精品力作。不断地向学术界、向社会提供高质量的重大科研成果，正是社会科学院充满生命力的凭证。

社会科学成果评价，有这样那样的不确定性。我们的评奖办法，也不是尽善尽美。因此，可能遗漏了某些优秀成果，评上的成果可能也存在着一些缺陷。但总的说这是百里挑一、千里挑一的获奖成果，可以说代表了同期我院科研工作的水平。一批研究报告和论著，针对当前我国经济和社会发展中一些重大问题，提出了科学的见解，为党和国家的决策提供了重要依据和参考，受到中央领导同志和有关部门的充分肯定。《中国通史》《十九世纪的香港》等学术专著，对一些重要领域的研究做出了开拓和新的建树，对学科的基本建设有重要意义。《中华大藏经》《中国珍稀法律典籍集成》等是工程浩大的古籍整理，是有关学者积多年心血为祖国文化传承所做的重要工作。其他的成果恕我不能一一枚举。

获奖成果有许多共同的地方，特别值得重视的有以下三点：第一，着力研究建设有中国特色社会主义所涉及的重大理论问题和实际问题，以及学科发展中具有重要意义的基础性和前沿性课题。获奖成果中，70%以上是涉及这些方面的国家级和院级重点科研项目成果。科学研究应当重视选题的学术价值和社会意义。第二，研究过程中，坚持求真、求实、求新、求深的治学态度和科学精神。获奖成果中，有不少是学者几年、十几年，甚至几十年辛勤耕耘的结晶。攀登科学的顶峰，没有捷径可走。我们要进一步发扬这种甘于寂寞、甘坐冷板凳、刻苦探索的科学精神，力戒哗众取宠、浮躁空泛的恶劣学风。第三，充分发挥科研群体的集体智慧。获奖成果的绝大部分是集体合作的成果，这反映出当代社会科学的发展越来越要不同学科之间、科研群体之间的协作，以便解决日益复杂的社会问题或实施规模浩大的文化工程。我院是学科密集、人才集中的地方，要很好总结组织集体项目的成功经验。当然集体研究并不能取代个人研究。在某些专业领域，以个体为主的研究和写作方式，不仅是允许的而且也是必须的。

伟大的时代应该产生伟大的作品。我国的社会主义现代化建设和改革开放事业，是前无古人的宏伟而艰巨的事业，迫切需要社会科学提供精神动力、智力支持和思想保证；需要社会科学为党和国家的重大决策提供科学依据。中国正在发生的这场深刻的社会变革和社会进步中，社会科学承担着重大的历史责任，也面临着新的发展机遇和条件。我院全体同志，每个有事业心、有责任感的社会科学工作者，都应当给自己提出新的更高的要求，做出更多的高质量的社会科学成果，为发展和繁荣我国的社会科学事业、为中华民族的振兴，贡献力量。

（载《中国社会科学院通讯》1996 年 10 月 1 日）

所长要正确把握研究所的方向*

（1996 年 10 月 16 日）

上星期刚刚闭幕的六中全会通过了《中共中央关于加强社会主义精神文明建设若干重要问题的决议》（以下简称《决议》），接着我们召开这次所长研讨会。会议的中心议题是：研讨在党委领导下的所长负责制的体制下如何当好所长，如何贯彻好六中全会《决议》精神、推进哲学社会科学研究工作。刚才汝信同志已经就这次会议的议题作了详细的阐述，我完全同意。现在，我讲几点意见。

一　充分认识哲学社会科学研究在精神文明建设中的重要地位和担负的艰巨任务

六中全会《决议》，对社会主义精神文明和物质文明的辩证关系以及加强社会主义精神文明建设的重要性作了充分的、全面的论述。我们当然要以经济建设为中心，但是决不能放松

---

* 在全院所长研讨会开幕式上的讲话。

精神文明建设。高度的社会主义精神文明，是社会主义社会的重要特征，是社会主义现代化建设的重要目标。精神文明建设对物质文明起着保证其发展方向、提供智力支持和精神动力的重要作用。精神文明建设搞不好，经济一时上去了也会掉下来，就不可能建成有中国特色的社会主义。

在精神文明建设中，哲学社会科学起着某种龙头作用，它能对精神文明建设的各个领域产生重大的影响，对文学艺术、新闻出版、学校教育以及群众性的精神文明建设活动等都有重要的理论指导作用。哲学社会科学研究工作做好了，能起积极作用；做得不好，或出了偏差，会使各方面的工作“失之毫厘，差以千里”。记得胡绳同志讲过这样的话：如果在司法实践中法院把案子判错了，只涉及几个当事人；如果在立法中把法律条文制定错了，涉及的就不是一个人或几个人的事，而是受该项法律条文所调整的所有案子都会出错；如果是法学理论错了，那么整个法律体系就会出问题，那后果就更严重了。我认为胡绳同志讲得很深刻，用精辟的比喻说明了理论工作的重要意义。我们要充分认识哲学社会科学研究在精神文明建设中，在整个有中国特色社会主义事业中的重要地位和作用，充分认识哲学社会科学研究担负的艰巨任务。

我国的社会主义建设经历了几十年，改革开放也搞了十七八年，积累了丰富的实践经验。江泽民总书记在讲话中提出：“要在总结改革开放和现代化建设经验的基础上，努力加强马克思主义哲学、经济学、政治学、法学、伦理学、教育学、管理学等学科的建设。”目前这些学科的建设还远远落后于实践提供的丰富经验，还不能从理论上回答实践要求这些学科予以解答的各种问题。因此，正如江总书记所讲，这项工作是“思想理论建设方面的一项重要任务”。它关系到能否巩固和发展社会主义的意识形态，关系到能否坚持和发展马克思主义。作为学科门类齐，拥有众多高水平科研人员的中国社会科学院，理应在这项工作中起特殊的作用。

另外，正如江总书记所说，西方敌对势力正在加紧对我国进行意识形态的渗透，他们散布种种奇谈怪论，混淆是非界限，力图扰乱我们的思想，毒化我们的灵魂。这就要求哲学社会科学工作者，划清一些基本理论问题上的是非界限，以正确地引导舆论，引导精神文明和物质文明建设各个方面的工作，带动干部群众提高明辨是非的能力。

所以说，无论是从学科建设方面，还是从排除资本主义错误思潮的侵袭方面来说，哲学社会科学都承担着艰巨的任务。作为中国社会科学院一个研究所的所长，应该更加努力地做好所长的工作，领导好各所的科学研究，在以上讲的两个方面的研究工作中做出成绩，为党和政府决策服务，为两个文明建设服务。学习六中全会《决议》，要在这方面提高认识，增强使命感和责任感。

二　注意把握好研究所的政治方向、理论方向和科研方向

要当好所长，要贯彻好六中全会精神，首先是要把握好研究所正确的政治方向、理论方向和科研方向。这几年我们一直在强调这个问题。《决议》指出：“哲学社会科学必须坚持以马克思列宁主义、毛泽东思想和邓小平建设有中国特色社会主义理论为指导，坚持理论联系实际，为党和政府决策服务，为两

个文明建设服务。”这就是正确的方向，这就是我们的指导思想。不这样做，就要出偏差和错误，就出不了高水平的科研成果和优秀的人才。

一个研究所的方向，当然应该由所党委集体共同来把握。而作为这个集体中全面负责科研工作的所长，应该说负有特殊的职责。把握好研究所的方向，有三个层次的要求。

第一个层次，所长自己要坚决贯彻执行党的基本理论、基本路线和方针政策，在思想上、政治上同党中央保持一致，坚定不移地走有中国特色的社会主义道路；应该讲政治，具有较强的政治鉴别力、政治敏锐性，能够保持清醒的头脑；应该讲学习、熟悉马克思主义基本理论基础，并能运用马克思主义的立场、观点和方法来研究本学科的问题；应该讲正气，坚持真理，坚持原则，继承和发扬传承好作风，坚持同歪风邪气做斗争。所长自己首先要做好，否则，“以其昏昏”，如何“使人昭昭”呢？

第二个层次，就是所长不仅要率先垂范，做出榜样，而且要努力引导全所广大科研人员，特别是科研骨干、学科带头人像你们一样坚持正确的方向。所长要把科研人员特别是科研骨干和学科带头人培养好，要选好接班人，千万不要选错了人。这就要求所长们要深入了解、分析科研人员的研究工作，特别是科研骨干、学科带头人和培养对象的研究工作，看他们的立场、观点和方法怎么样，他们的学风怎么样，他们的成果是什么样的东西。好的给予表扬和鼓励，在工作中重用或提拔；不对的、有毛病的要批评、帮助。不能视而不见，不能姑息迁就。要通过你们的工作，带出一支政治强、业务精、作风正的队伍。如果只是“独善其身”，不把队伍带好，不把后继有人的问题解决好，这个所长的工作就没有做好。

第三个层次，由于中国社会科学院在全国社会科学界所处的重要地位，我们不仅要把自己的研究所治理好，而且要在全国学术界起积极作用。不仅要“自扫门前雪”，也要看一看别人瓦上是否有“霜”，也就是说要研究有关学科里存在什么问题，并为解决这些问题、推进学科建设而努力。

要把握正确的方向，就要做好以上三个层次的工作。第一个层次应该说做得是比较好的，但在第二、第三个层次上就做得不够。而从第二、第三个层次的不足，又反过来说明我们的所长还有待进一步提高。希望各位所长通过学习六中全会《决议》精神，在把握正确方向的这三个层次上有所表现，有所前进，不能“独善其身”，不能仅仅“自扫门前雪”。

三　努力提高学术水平，改进工作方法

所长要努力提高自己的学术水平，提高自己在学术界的地位和影响，成为公认的专家和权威。这不仅是所长个人的事情，对于一个研究所的建设也是必需的。这是因为，所长的学术成就、学术地位、学术眼光和学术影响力，直接关系到整个研究所学术水平和学术地位的提高，关系到全所科研队伍的成长。所长应该努力挤出时间，钻研业务，这当然不是说所长可以只顾自己的专业研究，而放弃对研究所的管理。如果那样就把自己等同于一般的学者，而不是所长了。所长应该在治理好研究所的同时，挤出时间搞科研，努力做出高质量的科研成果，真正做到“双肩挑”。

做好“双肩挑”当然不容易，除了艰苦的努力之外，还要

注意改进工作方法。有三个问题需要大家注意：

1. 所长要抓大事。对于所长来说，主要是抓科研。所长一定要把注意力放到抓科研方向、学科建设、重大项目的研究、科研骨干和学科带头人的培养。这样既抓住了研究所工作的中心，又可以避免陷入繁杂的事物之中。抓科研与提高个人的学术水平是可以相互促进的。个人的学术水平高，抓科研才能抓得好；抓好了所里的科研工作，对自己的研究也有促进。两者之间既有矛盾的方面，也有统一的方面。

2. 要尊重和依靠所党委的领导，发挥副所长和职能部门的作用。所长要自觉维护党委领导下的所长负责制，遵守民主集中制原则，处理好行政领导与党委的关系。这次届中考察，大多数所的领导班子在这方面是做得好的，他们的共同特点是，党政领导班子团结一致，没有那么多疙疙瘩瘩的事情，没有内耗，大家可以全心全意扑在工作上。书记和所长之间不应有解不开的疙瘩，如果都是为了工作和事业，许多分歧和矛盾都好解决。所长还要激励副所长充分发挥作用，放手让他们做好分管的工作，并使职能部门认真履行各自的职责。如果能真正做到这些，所长就能腾出更多的时间和精力，用于自己的科学研究和领导好所里的科研工作。

3. 减少不必要的社会活动。由于我院各研究所具有较高的学术地位，院内外、海内外邀请所长参加的各种会议和学术活动比较多。对于这些邀请，所长应该有所选择，那些重要的和必需的当然要去，不能老把自己关在所里，但也不要有请就去。参加这类活动多了，会影响所长集中精力治理研究所，也很难安下心来钻研问题。

最后，希望大家重视这次会议，围绕着会议的主题，总结交流经验，研究具体措施，把思想和行动统一到六中全会《决议》上来，把所长工作做得更好，把各研究所建设得更好，把我院建设得更好。

（载《党的工作通讯》1996 年第 7 期）

1997年度院工作会议上的讲话

（1997年1月14日）

这次院工作会议的主题是：贯彻党的十四届五中、六中全会精神，总结1996年工作，研究如何进一步抓好院“九五”规划的落实，确定1997年全院工作的基本思路和主要任务。

过去的一年，我院认真贯彻落实党中央对社会科学工作的要求，坚持正确的办院方向和方针，集中精力抓科学研究、学科建设和人才培养工作，进一步推进和完善管理体制改革。科研工作和其他各项工作继续稳步地向前发展。全院人心稳定，呈现出团结、健康、向上的精神风貌。在“九五”规划起步之年，开了一个好头。

1996年度全院工作回顾和1997年全院工作要点已经印发给大家，希望同志们认真讨论，提出修改意见。我受院党委和院务会议的委托，结合中组部考察组的意见，就今年工作中的几个重点问题讲点儿意见。

一 贯彻落实六中全会《决议》精神，加强马克思主义哲学社会科学建设

党的十四届六中全会《中共中央关于加强社会主义精神文明建设若干重要问题的决议》（以下简称《决议》）深刻地阐述了我国哲学社会科学工作的指导思想、主攻方向、基本任务，为进一步繁荣和发展哲学社会科学指明了方向。我们必须认真学习和贯彻落实。

无论是在物质文明建设中，还是在精神文明建设中，哲学社会科学都发挥着特殊的重要作用。尤其是在社会主义精神文明建设中，哲学社会科学研究起着某种“龙头”作用和基础作用。建设社会主义精神文明，必须以人类最先进的思想体系和科学理论为指导。哲学社会科学研究以“用科学的理论武装人”为己任，其成果能对精神文明建设的各个领域产生重大的影响，对文学艺术、新闻出版、学校教育以及群众性的精神文明建设活动等都有重要的理论指导作用。在一定意义上说，全民族思想道德和文化水平的提高，有赖于社会科学整体水平的提高。因此，江泽民同志在六中全会的重要讲话中强调，要“努力加强马克思主义的哲学、经济学、政治学、法学、历史学、文艺学、新闻学、社会学、伦理学、教育学、管理科学等建设”，并把这项工作看作是新时期“党的思想理论建设的一项重要任务，是巩固和发展社会主义意识形态的一项重要任务”。我们要和全国广大社会科学工作者一道，把这项任务担当起来，并努力在这些学科建设中发挥重大作用，占有重要位置。

《决议》明确提出：“哲学社会科学必须坚持以马克思列宁主义、毛泽东思想和邓小平建设有中国特色社会主义理论为指导，坚持理论联系实际，为党和政府决策服务，为两个文明建设服务。”这就是我们哲学社会科学工作者必须遵循的正确方向。近几年来，院党委反复强调我院科研及其他各项工作必须坚持正确的政治方向、理论方向、科研方向。要贯彻六中全会精神，完成六中全会提出的任务，就必须进一步重视和切实解决好这个问题。这是因为：

首先，哲学社会科学研究方向正确与否，可能直接或间接地影响到它所涉及的某个社会领域甚至整个国家政治、经济、和社会的发展进程，关系重大。也就是说，坚持正确方向，社会科学研究所取得的重大成果，可能对社会发展产生巨大的推动作用和深远的积极影响。这种作用和影响是不可替代的。而一旦方向错了，由此而产生的错误理论或反动理论，则可能对人类社会的进步与发展带来消极的影响，甚至给人类带来灾难。

其次，哲学社会科学具有很强的阶级性和意识形态性。西方敌对势力一直在推行“西化”“分化”战略，加紧对我国进行意识形态的渗透。国内一些期望中国走资本主义道路的人也遥相呼应，提出什么“淡化意识形态”“消解主流意识”等口号，妄图取消马克思主义的指导地位，用资本主义的意识形态取而代之。哲学社会科学领域中的渗透与反渗透的斗争从来没有停止。只有坚持以科学的理论武装自己，注意分清重大理论问题上的原则是非界限，才能在政治上保持清醒的头脑，才能抵御西方敌对势力的渗透和影响，避免走入歧途，陷入泥潭。

最后，应当肯定，我院广大科研人员是努力用科学的理论武装头脑并指导自己的科研工作的，但是也毋庸讳言，我院还存在着怀疑以至否定必须坚持以马克思主义为指导、怀疑以至否定必须走有中国特色社会主义道路的现象。有人盲目崇拜、照抄照搬西方资产阶级的经济理论。“告别革命”那一套否定革命历史、否定马克思主义的论调，不同程度地影响着一些人，等等。这些问题尽管发生在极少数人身上，但也说明，坚持正确方向的问题在我院并没有完全解决，也不是一朝一夕就能解决的，还有大量艰苦细致的工作要做。

各单位领导要有高度的责任感，始终把握好本单位的政治方向、理论方向和科研方向。要经常分析本学科领域的理论动态，及时发现和解决涉及政治方向或重大理论倾向问题。对于少数同志的思想认识问题，要采取积极引导和善意帮助的方法，促使他们转变认识，提高觉悟。对于事关政治方向和重大原则问题的错误思想或观点，要旗帜鲜明地表明态度和立场，并进行充分说理的、有根有据的批评与反批评。中国社会科学院是为我国社会主义两个文明建设服务，为党和政府决策服务的马克思主义的理论阵地，决不能为反马克思主义、反社会主义、反对中国共产党领导和反对人民民主专政的思想和言论提供讲坛。为了更好地掌握全院的方向，分管学科片的院领导要召集本片各所党委书记、所长联席会议，分析本学科片的理论动态和人员的思想状况，讨论解决研究工作中存在的共同问题和少数同志中存在的思想认识问题。院党委和院务会议准备每年至少召开一次专门会议，了解、分析社会科学研究领域中的重大理论问题和学术动态，研究确定我院应采取的对策。

二　坚持科研工作的主攻方向，努力提供高质量的科研成果

六中全会《决议》强调哲学社会科学“要把改革开放和现代化建设的重大理论问题和实践问题的研究作为主攻方向，积极探索有中国特色社会主义经济、政治、文化的发展规律。要重视基础理论研究，加强重点学科建设”。并且指出：“对重大课题要组织力量攻关，多出有价值的研究成果。”这既是对社会科学研究方向和主要任务的明确规定，同时也从研究成果方向提出了要求，具有重要的指导意义。

同上述要求相比，我们的工作还存在着较大的差距。这主要表现在研究成果的质量方面。近几年来，由于广大科研人员的辛苦劳动，我院每年都完成几百部专著，几千篇论文和研究报告，还有大量的其他形式的成果，为改革开放和现代化建设、为社会科学的繁荣做出了积极贡献。但是，我们也应当清醒地看到，在我们的科研成果中，除了一部分学术价值和社会效益较好的成果之外，相当一部分是质量平平的作品。如果说，类似的情况在全国学术界比较普遍地存在着，仅在学术圈内比较，问题似乎还不那么特别突出的话，那么，和改革开放、现代化建设的迫切需要相比，不适应的状况就很明显了。

产生这种现象的原因是多方面的。从客观方面讲，社会现象的复杂性使人们难于认识和把握其内在规律。相对于实践的发展和生活的长青之树，理论研究常常表现出某种滞后性。一批同现实问题和对策研究关系直接的学科，建立时间不长，基础薄弱。在计划经济向社会主义市场经济转变过程中，社会科

学事业的机制还不相适应，研究经费、设施和物质条件不足，研究方法和信息手段相对落后，等等。这些因素都制约着学术水平及其提高。但是，我们更应该从主观方面去寻找原因。可以看到，在一些重大课题的组织方面，还没有充分发挥多学科综合性优势；集体项目中，相互切磋、交流不够；不少学科带头人和科研骨干同时多头承担课题，难以集中精力潜心于某一个方向的研究，取得重点突破。有些科研人员中滋长了浮躁的和急功近利的学风。表现为不愿意深入实际调查，不努力在占有大量材料的基础上作扎实的研究；不愿意“坐冷板凳”，不下功夫从事基础性研究。有些人为经济利益所驱使，一味迎合市场需要，实际上不再从事严格意义上的学术工作，把粗制滥造、东拼西凑的东西不负责任地抛向社会。当然，还有一些科研人员由于政治素质、理论水平、知识结构等方面的问题，不能适应所承担的研究工作，等等。应当改变这些状况，重视成果质量，想方设法多出精品。

我们所说的精品，就是社会科学高质量、高水平的研究成果。精品是创造性和科学性的统一，是科研活动求真、求深、求新的积极结果。由于社会科学门类很多，成果的形式也多种多样，要对精品做出划一的规定是困难的。专著、论文、研究报告、工具书、翻译、普及读物等，对于精品都应当有自己的具体标准。但是，从不同的角度看，凡是称得上精品的，是否应当符合这样一些要求：（1）揭示社会发展变化客观规律，体现人类文明进步方向，有益于我国社会主义事业。（2）提出新的创见、新的理论并经过严谨的论证，或是创立新的研究方法，或是发掘新的材料和事实。（3）对党和国家决策提供了重要的理论依据和咨询意见，具有明显的社会效益。（4）为弘扬优秀的传统文化，吸收人类文明一切积极成果，建设社会主义精神文明，推动学科发展做出了贡献。（5）在国内同类成果中，居于一流水平，处于领先地位。

努力促进科研工作向提高质量效益转变，实行“精品战略”，多出精品，应当成为我院一条十分重要的工作方针。我们要着重抓好以下几个环节：

一是树立精品意识，建设良好学风。要以六中全会《决议》为指针，全面落实党对社会科学工作的要求，深入理解多出有价值的成果，为两个文明建设服务，是社会科学工作者的光荣职责。充分认识学术质量是科研工作乃至我们这样一个研究机构的生命力所在。改变片面追求数量的观念，牢固树立精品意识，努力营造争创精品的舆论氛围，坚持理论联系实际。大力倡导“甘坐冷板凳”“十年磨一剑”的严谨优良学风，批评和抵制浮躁的甚至是追名逐利的不良学风。

二是抓好重点课题。我院承担的国家重点课题和已经确定的院重点课题，是全院科研工作的骨干工程，应当从中做出一批重要成果，产生精品力作。要在选准、选好课题主持人的同时，注意吸收有事业心的、富于创造性的中青年人员参加研究，必要时还可吸收院外的研究力量。要充分发挥多学科综合研究的优势，组织好集体项目，使之真正成为科研群体智慧的结晶，而不是个人劳动的简单相加。当然也不仅限于集体性的重大项目，对于个人的研究项目确实优秀的，也要创造条件给予支持。要进一步增加对院重点项目经费的拨款，保证重点课题工作的需要。院“九五”规划提出的推出 100 项左右重要科研成果的目标，要分解落实。院、所二级领导，要亲自抓重点课题，确保出优秀成果。当然，出精品并不只限于重点课题，也不限于集体项目。对于一切有价值的研究项目，都要尽可能地创造条件，给予支持。

三是活跃学术交流和争鸣。抓精品，一定要遵循科研本身的规律，切实贯彻“双百”方针。要鼓励创新精神，提倡提出自己的观点，形成一家之言。在科学研究的基础上，开展学术上的批评和反批评，形成健康的风气。重点成果完成以后，要按照精品的要求，组织研讨，多方听取意见、挑毛病，反复修改完善，直到满意了，再正式推出。

四是完善评价机制和激励机制。社会科学的成果评估是一件复杂的事情，但是这方面的工作一定要下功夫去做，因为它是在科研单位实行竞争和激励机制的关键环节和基础性工作。我院已经组织制定了成果评估指标体系，在经过一段时间的试行后，今年将正式发布实施。对个人和对研究所工作的考核、职称评定都要讲求科研成果质量，一项优秀成果的价值，应当胜过十几部、几十部平庸之作。在政策上及有关待遇方面，要进一步对做出高质量科研成果的研究人员实行倾斜。

三 加强跨世纪人才培养工作，建设高素质的专业人才和管理人才队伍

六中全会《决议》和江泽民同志的重要讲话，都强调指出队伍建设的重要性，要求按照政治强、业务精、作风正的标准，造就一支高素质的包括哲学社会科学在内的宣传思想文化教育队伍。我们要增强紧迫感，结合本院实际情况，贯彻落实中央的要求。

几年来，我院在人才培养和队伍建设方面做出了一些规

划，出台了一些措施。大家做了许多工作，取得了一定成效。但是从总体上看，队伍建设面临的问题仍非常突出。要实现院“九五”规划提出的在提高人员整体素质的基础上，培养、造就200名左右学术造诣较深、德才兼备的中青年学科带头人和100名左右具有较高政治素质又有较强管理能力的党政干部这样一个目标，还要做出更大的努力。必须加大工作力度，进一步落实并完善已经提出的有关措施。今年的院“工作要点”对此已提出了明确要求并做出了相应的安排。大家经过讨论，可进一步补充。这里，我想强调的是要把出精品与出人才更好地结合起来。

科研人才要在科研实践中锻炼成长。人才不是自封的，也不是别人捧出来的。是否成为人才的主要标志，是看其做出了什么样的科研成果。一名研究人员，如果做不出高质量的成果，哪怕他的作品数量很多，也不能说是一流的学者；相反，如果他做出了具有重要价值的成果，即使只有一两项，就可能因此奠定了他的学术地位，成为有影响的学者。通常所说的学术“大家”，一定是与他为社会、为学术界贡献的精品力作相联系的。我们提出，科研工作要多出精品，这同时也是培养和造就人才的一条基本途径。

在抓多出精品的时候，要特别注意吸收比较年轻的、有培养前途的研究人员参加重点课题。通过参加重点课题，使年轻科研人员确立正确的科研方向，使他们把个人的研究兴趣同祖国现代化建设和学科发展的迫切需要紧密地结合起来，这对他们今后长远的发展具有重要的意义。通过参加重点课题，使年轻的科研人员获得较好的科研条件和实践机会，在出精品的高标准、严要求之下，开拓进取，精益求精，不断提高业务水平。通过参加重点课题，使年轻的科研人员在思想、道德、作风等方面受到严格的锻炼，树立扎实严谨的学风，勇于创新的精神和集体协作的意识。总而言之，使得年轻科研人员在科研实践中全面提高思想政治素质和业务素质，在出精品的同时出人才。

人才的成长，内因是主要的，同时还需要外部的环境和条件。科研人才需要专门的训练和指导，即使大学毕业、研究生毕业，从国外留学回来，也不能说从事科研工作就完全合格了。指导、训练、培养高级专业人才，是我们这样一个科研机构的重要职责。我们那么多的专家、资深学者，应当把培养人才的工作更好地担当起来。培养不仅仅是业务的指导和传授，更需要加强的是理论方向和道德、学风方面的教育和培养。我们一再强调在科研人员中，特别是在中青年科研人员中认真地学习和掌握马克思列宁主义、毛泽东思想和邓小平建设有中国特色社会主义理论，并用来指导科研工作。这是个非常重要的一个问题，它涉及未来中国社会科学院挑大梁的主体，将具备什么样的思想政治素质，从事什么性质和什么水平的研究工作。目前，在科研人员中，能够成功地运用马克思主义研究新问题，做出重要成果的，不是很多。我院有一位研究历史的年轻学者，有才华，也很用功，收集了大量资料，但写出的书却是反历史主义的，原因就是他在研究工作中离开了马克思主义指导，观点和方法不对头。这样的同志，如果今后能够正确地解决理论指导问题，肯定是有前途的，是可以做出成就的。理论指导问题，科研方向问题，既是出精品的前提，也是出人才的前提。老一辈的专家学者，对于马克思主义的学习、研究，已经有了比较长的时间，在如何运用马克思主义指导科研工作方面也有许多经验，应当把这方面的心得和经验告诉年轻的科研人员，帮助他们尽快地提高马克思主义理论水平。

我们不仅需要一支高素质的科研人才队伍，而且需要一支高素质的管理干部队伍。在现代社会科学活动中，管理日益成为不容忽视的重要因素。管理水平的高低，制约着科研工作的质量和效益。一定要下大力气建设一支思想过硬、纪律严明、精干高效、开拓进取的管理干部队伍。对于我院的管理人员，在政治素质和思想作风上应该提出严格的要求，同时还应要求他们熟悉和掌握社会科学工作的特点和规律，认真倾听科研人员的意见和要求，积极贯彻党对社会科学的方针政策，具有较强的组织管理能力，从而提高我院管理工作的科学化和现代化水平。如果我们在“九五”期间，通过持续不断的努力，既造就出一批高素质的专业人才，又培养出一支高素质的管理队伍，我们社会科学院就一定能以崭新的姿态跨入 21 世纪。

四　深化体制改革，加大管理力度，推进我院社会主义精神文明建设步伐

近几年来，我院在科研管理、人事管理和行政后勤管理等方面出台了一系列改革措施，并相应制定了一批与之配套的规章制度。这些改革措施和规章制度对于扭转我院部分单位长期以来管理滞后、纪律松弛、队伍涣散的局面，建立与市场经济体制相适应的新管理体制发挥了积极作用。许多单位认真贯彻落实院里的各项改革措施，并结合实际制定了行之有效的管理办法，使这些单位呈现出团结有序、积极向上，科研及其他各项工作都取得优异成绩的可喜局面。

我院一部分单位，由于管理力度还不够大，“散”的问题仍然非常突出。一些研究人员不务正业，长期拿不出像样的科研成果；还有一些研究人员长期在外兼职，不把主要精力用于所内的科研工作，不接受所里下达的科研任务；有的同志甚至连每周一至两个半天的返所制度都执行不了；院里制定的许多规章制度在一些单位并没有得到认真的贯彻执行；一些所的领导干部工作不到位，没有把主要精力用于治所管所；个别所的领导班子内部不团结，工作不协调，影响了工作的正常进行，等等。

鉴于上述情况，院党委和院务会议决定，1997 年要把加大管理力度，狠抓院里已经出台的各项改革措施、规章制度的落实和完善作为全院的工作重点之一。为此，要着重抓好以下几方面的工作：

第一，加强领导班子自身建设，增强做好管理工作的责任感。各所局领导干部一定要有很强的责任意识和奉献精神。要正确处理好个人做学问与治所的关系。班子内部要注意团结协作，合理分工，各司其职，齐心协力。疏于管理，放任自流，是领导干部的失职，也是对人力资源和国家投入的巨大浪费。各所领导要在抓好研究所的日常管理工作的同时，重点加强对重大科研项目的组织管理工作，集中优势兵力，合理配置资源，组织联合攻关，努力拿出高质量的研究成果。分管学科片和各部门工作的院领导要加强对所局领导班子的具体指导。每季度至少一次到分管的研究所和部门了解情况，检查工作，听取意见，帮助各所局领导班子解决自身建设和治所工作中存在的问题。

第二，要抓住考核与奖惩这两个关键环节，从根本上解决

“散”的问题。近年来，在人事工作方面先后制定并颁布了各类人员的考核标准和与之相配套的奖惩办法，但从执行情况看，有些制度并没有得到认真落实。如一些单位的年终考核，没有严格按考核标准去衡量每个人的工作态度和业绩，你好我好大家好，干和不干一个样，干好干坏一个样。考核的结果，绝大多数单位没有不称职人员。这恐怕同实际情况有些出入。随之而来的是赏罚不明，长期不出成果甚至长期不露面的人照样拿补贴、涨工资。这种状况要尽快加以纠正。考核的目的是奖勤罚懒、优胜劣汰，为晋职、晋级提供可靠的依据。不严格按标准进行，考核就失去了意义。在研究人员的考核中，应以计划内成果为主，凡拒绝接受国家、院、所的科研任务，或无正当理由不能按期按质完成科研计划的，其他成果一律不得纳入考核内容。

第三，要进一步抓好院里各项规章制度的落实工作。各所局领导要在模范遵守院里制定的各项有关规定和制度的同时，认真抓好规章制度的落实工作，并结合本所的实际情况，制定出本单位的实施办法，使管理工作纳入制度化和规范化的轨道。

第四，制定我院各类人员道德行为规范，教育和引导全院干部职工树立正确的世界观、人生观和价值观，爱岗敬业，努力工作，为社会主义两个文明建设做出自己应有的贡献。

（载《社会科学管理》1997 年第 1 期）

在建院二十周年庆祝大会上的讲话

（1997 年 5 月 20 日）

今天，我们欢聚一堂，隆重庆祝中国社会科学院建院二十周年。我代表院党委和院务会议向全院职工表示热烈的祝贺！向为我院的创建和发展，为科研工作、学科建设、人才培养、行政后勤等各方面工作做出过贡献的专家学者、领导干部、职工同志表示衷心的感谢！

在纪念建院二十周年之际，铁映同志抽出宝贵时间出席我院的庆祝大会并将发表重要讲话。我向铁映同志，向光临大会的各兄弟单位领导同志、专家学者表示最诚挚的谢意！

中国社会科学院是在邓小平同志的亲切关怀下，于 1977 年 5 月在原中国科学院哲学社会科学部的基础上成立起来的。我院建院的 20 年，是伴随我国改革开放和现代化建设的伟大历史进程迅速发展的 20 年。20 年前的学部只有 14 个研究所，各类人员总共 1700 多人，其中，高级研究人员仅一百有余。而现在的社会科学院已有 31 个研究所、2 个实体性研究中心，全院在职职工达 4000 多人，其中，高级研究人员 1500 多人，博士生导师近 300 名。尤其值得欣慰的是，一大批中青年在学术领域崭露头角，在1500多名高级研究人员中，50岁以下的中青年达670多人，占高级研究人员总数的44%，他们中有61人被国家授予有突出贡献的中青年专家称号。我院的研究生院共培养博士465人，硕士1970人；全院现设博士后站8个，先后招博士后28人，为我院及社会各界输送了大批高素质人才。20年来，对外学术交流也有很大发展，同80多个国家和地区有学术交流关系，同20多个国家签订交流协议，年进出交流量达到2500左右人次。今天，我们完全可以说，我院已成为学科门类多、综合研究实力强的国家社会科学研究中心。

我院20年来的发展，不仅或者说主要不是反映在规模的扩大上，而是主要体现在科研工作的繁荣、学术水平的提高上。20年来，我院广大科研人员，在马列主义、毛泽东思想和邓小平建设有中国特色社会主义理论指导下，进行了创造性的科学研究和理论探索，取得了显著成就。概括起来说，主要表现在以下三个方面：

第一，总结社会主义建设的实践经验，探索有中国特色社会主义的发展规律，为丰富和发展马克思主义做出了理论贡献。我院刚成立时，党和国家正面临在思想理论领域拨乱反正的历史性任务。我院科研人员以饱满的政治热情参与了这一艰巨工作。1978年多次举办真理标准问题讨论会，为重新确立解放思想、实事求是的思想路线起了重要作用。同年10月，胡乔木院长发表的《按经济规律办事，加快实现四个现代化》一文，以及我院其他学者发表的经济理论文章，阐述了经济规律的客观性，论证了发展商品经济的必要性，对人们冲破“左”的思想束缚，认识改革高度集中的经济管理体制的必要性具有重要的启迪意义。

十一届三中全会后，我院的经济理论工作者发表了大量经济学论著，对商品经济与公有制的关系、计划调节与市场调节的关系等重大经济理论问题进行了论证。20 世纪 80 年代中后期，我院学者明确提出经济改革的方向应是市场取向改革，开始对社会主义市场经济的基本理论进行系统研究。80 年代末 90 年代初，我院学者在研究总结我国十多年改革开放和现代化建设伟大实践经验的同时，深入剖析苏东剧变的历史教训，先后推出了《什么是社会主义，如何建设社会主义》《建立社会主义市场经济体制的理论思考与政策选择》《建立社会主义市场经济法律体系的理论思考和对策建议》等一批高质量的成果。对有中国特色社会主义政治、经济、文化的发展规律；对建立社会主义市场经济体制的原则框架；对社会主义市场经济法律体系的基本框架及必须解决的重大法理问题等，从理论与实践的结合上进行了创造性研究，“提出了不少新的理论观点、思路和见解”，其中不少理论观点和对策建议被中央文件所采纳。中央领导同志赞誉：“社科院在社会主义市场经济体制方面做了贡献。”这些表明，有中国特色社会主义理论的形成和发展，凝聚着我院专家学者的心血和智慧。

第二，坚持为改革开放和两个文明建设服务的主攻方向，为党中央、国务院决策提供咨询和参谋。20 年来，我院的广大科研人员，在这方面做出了可喜的成绩。大家知道，我国的改革是从农村开始的。早在 1977 年 6 月，我院科研人员就深入安徽省肥西县进行实地考察，撰写了《“包干到户”问题应该重新研究》一文，在社会上产生较大反响。农村改革解放了农业生产力，带来了 80 年代初的农业连年丰收。这时，较普遍地出现了对农业生产过分乐观，甚至削弱农业投入的倾向。我院学者依据大量实证资料，于1986年适时撰文提出，要重视农村改革初见成效背后存在的问题，以避免农业出现新的徘徊。这一研究报告，引起邓小平等中央领导同志的高度重视。在我院科研人员向党中央、国务院和中央有关部门提交的大批有分量的研究报告中，对于经济改革与经济发展战略，对于如何处理好改革、发展与稳定的关系等，提出了许多有价值的战略思路和对策建议。我院还先后帮助深圳、海南制定了发展战略，为经济特区的建设和发展提供了智力支持。我院自90年代初开始连年推出的经济形势分析与预测、社会形势分析与预测，以及在有关财政金融改革、税制改革、国有企业改革、住房改革、农村剩余劳动力转移、乡镇企业发展、人口与可持续发展等诸多领域提出的许多有价值的意见和建议，受到中央领导和有关部门的重视，较好地发挥了决策咨询作用。

为改革开放和两个文明建设服务，为党中央和国务院决策服务，不仅限于经济学科的专家、学者，其他学科的专家、学者同样做出了贡献。如在推动社会主义民主与法制建设方面，我院学者较早提出了“依法治国”的理论观点，先后参与了宪法、刑法、民法通则、香港基本法等100多部法律的起草、修改和论证工作。我院研究国际问题的专家、学者，在关于新旧格局交替的国际形势研究，我国与美、苏（俄）、日等国国家关系研究，关于加入世界贸易组织研究，关于亚太经合组织贸易投资自由化等方面的研究，为国家制定外交政策，扩大开放提供了有参考价值的对策建议。其他如社会学、民族学及文、史、哲等人文学科的科研人员，也努力将自己的研究活动纳入科研工作的主攻方向，陆续推出的关于经济改革与社会改革协调进行、社会发展指标体系、苏南精神文明建设模式研究、转型时期伦理道德建设等研究成果，以及百县市经济社会调查、少数民族现状调查等大规模社会调查所形成的科学成果，对推动我国社会全面进步，加强精神文明建设产生了较好的社会影响。

第三，在加强有中国特色社会主义理论研究，加强应用研究、对策研究的同时，十分注重基础理论研究，学科基本建设取得了丰硕成果。基础理论研究同应用研究、对策研究是互相促进的，只有基础理论研究达到较高水平，应用研究、对策研究才有深厚的根基，才可能具有后劲；在大量高水平应用研究、对策研究的基础上，进一步进行理论思维、理论抽象和升华，又可推动基础理论研究。我院注意处理好这两者的关系，坚定不移地贯彻“既确保主攻方向，又兼顾各学科共同繁荣”的方针。各学科从事基础理论研究的专家、学者，十年、几十年如一日，甘于寂寞，既十分重视继承祖国的优秀文化传统，又密切关注亿万群众在建设有中国特色社会主义的伟大实践中创造的新鲜经验；同时，及时跟踪、分析国内外学科前沿的发展趋势，吸收人类文明的一切积极因素，使基础理论研究保持了旺盛的活力，取得了一批优秀学术成果，其中不乏集大成之作、奠基之作、传世之作。如《甲骨文合集》、《殷周金文集成》、《中国历史地图集》、《中国通史》（10 卷本）、《中国史稿》（7 卷本）、《现代汉语词典》（修订本）、《中华大藏经》、《中国珍稀法律典籍集成》以及《中国大百科全书》（哲学卷、经济学卷、文学卷、考古学卷、法学卷）等。这些成果，或者奠定了某一学科的理论基础，或者开辟或拓宽了某个学科领域，或者在理论和方法上具有创新和突破，或者为某一学科提供了极具学术价值的基础资料。正是因为这些高水平学术成果的相继问世，使我院相关的一大批学科得以保持在国内，以至于在世界上的领先地位。

总之，我院建院的20年，是新中国成立以来科研工作最活跃、学术成果最丰硕的20年。据不完全统计，20年来，共完成学术专著近五千部，论文六万三千多篇，研究报告八千余份，此外，还有大量的学术资料、教材、普及读物、译著、工具书等其他形式的成果。全院获得国家和部委级奖励以及全国有重要影响的学科专项奖的成果达769项。

20年来，我们取得了很大成就，但同党、国家和人民对我们的要求和期望相比还有差距。要进一步改进工作，做出更大贡献，才不辜负伟大时代赋予我们的崇高使命。

关于我院未来的发展目标和工作方针，胡绳院长在1994年的工作会议上代表院党委和院务会议所做的工作报告中已有明确的论述；在近年的年度工作会议上，根据新的形势和党中央的新要求，对此又做出了进一步的充实和具体部署，今天我不准备过多地重复，只想强调以下几点：

要始终坚持以马克思主义、毛泽东思想和邓小平建设有中国特色社会主义理论为指导的正确方向，自觉运用马克思主义的立场、观点和方法指导科学研究。马克思主义不是停滞僵化的教条，而是随着时代前进不断发展的科学理论；马克思主义也不是自我封闭的宗派成见，而是汲取人类全部文明积极成果而内涵丰富的科学思想体系。只有用这种最先进、最科学的世界观和方法论武装起来，用以指导科学研究，才能确保我院的研究工作真正走在时代的最前列。要坚持理论联系实际的原则，进一步解放思想，实事求是，勇于探索，勇于创新。要认真组织实施精品战略，下功夫在关于马克思主义基本理论特别是建设有中国特色社会主义理论的研究方面，在对改革开放和两个文明建设所提出的重大理论问题和实际问题的研究方面，组织好多学科协作攻关，拿出更多的精品力作。

要抓紧实施跨世纪人才工程，建设一支精干的、高水平的科研队伍。能否保持并扩大学科优势，关键在人才；能否多出精品力作，关键也在人才。我院历史上曾聚集郭沫若、范文澜、侯外庐、夏鼐、孙冶方、何其芳等一批饮誉海内外的大家。我院的未来发展，需要更多的一流专家学者。近年来，已经有一批优秀的中青年学者脱颖而出。但是优秀中青年学者的数量还不够多，即便是较为优秀的中青年学者，无论马克思主义基本理论素养，还是学科基础素养、学术影响，同老一辈知名学者相比，还存在较大差距。务必有针对性地搞好教育、培养和提高工作，建成一支高水平的人才队伍。

要努力营造良好的学术环境，包括“硬件”和“软件”。所谓“硬件”，就是要加速图书资料和信息手段现代化建设，尽可能为科研人员提供较好的生活条件和科研条件：所谓“软件”，是要认真贯彻执行“百花齐放、百家争鸣”的方针，正确区分学术问题与政治问题，切实保护学者勇于探索的精神；鼓励不同学派、不同学术观点的争鸣和讨论，同时，要注意做好思想工作、团结工作，及时疏导、化解科研人员之间可能出现的各种矛盾，以减少内耗，使科研人员能够集中全部精力潜心研究。

要进一步深化科研管理体制改革，积极探索适应社会主义市场经济体制、符合社会科学发展规律的新体制。近几年来，通过全院职工的积极探索，我院在科研管理、人事管理、行政后勤管理改革方面取得了较大进展，机构臃肿、人浮于事，人员能进不能出，工作干好干坏一个样的局面已经被打破；但要构建一个奖勤罚懒、优胜劣汰的、充满活力的，有利于多出精品、多出人才的竞争激励机制，还有许多工作要做。要不断总结经验，继续解放思想，在完善已经实行的改革措施的同时，积极研究和逐渐推行进一步的改革举措，使科研管理体制适应形势的发展，以最大限度地解放科研生产力。

同志们，再过 40 多天香港就要回归祖国，年内还将召开党的十五大。在这样一个重要年份，我们迎来了中国社会科学院 20 周年的生日。20 岁的年龄正是一个朝气蓬勃、充满活力的年龄。我们坚信，以江泽民同志为核心的党中央的领导下，全院研究人员和干部职工一定会更加勤奋、更加扎实地工作，把一批批优异成果奉献给党、奉献给人民，为发展和繁荣哲学社会科学，为建设有中国特色的社会主义的伟大事业做出新的贡献。

谢谢大家。

（载《中国社会科学院通讯》1997 年 5 月 29 日）

历史将翻开新的一页*

（1997 年 5 月 31 日）

今天是 5 月 31 日，距离香港回归祖国仅仅 31 天。在中华儿女欢欣鼓舞、迎接香港回归的喜庆气氛中，来自海内外的朋友聚集在邻近香港的深圳宝安区，共同讨论鸦片战争与香港的历史，是很有意义的。

回顾 150 多年前，英国发动侵略中国的鸦片战争，迫使清政府在《南京条约》中把香港割让给英国以来的沧桑变化，真是不胜感慨系之！

鸦片战争是中国近代史的开端。英国为了弥补对华贸易的逆差，把大量毒品鸦片偷运进中国。钦差大臣林则徐受命查禁鸦片，完全是一个主权国家的正常举动。然而，英国却借此发动侵华战争，用大炮来打开中国的大门。英国早就图谋在中国沿海某处攫取一块地方，作为他们向中国内地进行侵略的据点。借着鸦片战争的进行，就向中国索要香港。未等清政府答复，英国军队便于 1841 年 1 月 25 日在香港岛强行登岸，并占据该岛。次年《南京条约》签订，英国满足了自己从中国割取

* 在鸦片战争与香港学术研讨会开幕式上的讲话。

香港的欲望。鸦片战争的结果，中国不仅被迫割地赔款，还让英国取得了协定关税权、领事裁判权、五口通商权、领海航行权和片面最惠国待遇等特权，中国的独立主权受到了严重伤害。

鸦片战争改变了中国历史发展的进程。中国从一个独立的封建国家，逐步沦为一个半殖民地半封建社会的国家。鸦片战争以后，又有第二次鸦片战争、中法战争、甲午战争、八国联军侵华战争、英国侵略西藏的战争、日俄战争，直到此后日本长期的侵华战争，接连不断的帝国主义侵华战争，严重阻碍了中国社会的发展，使中国国家利益和人民生命财产蒙受了巨大的损失。

鸦片战争、割让香港，开始了近代中国屈辱历史的行程，也开始了中国人民觉醒的历程，开始了反抗外国侵略、争取国家富强的历程。自广州三元里抗争起，历经太平天国、义和团、辛亥革命、抗日战争等，终于阻止了帝国主义瓜分中国，或使中国殖民地化的图谋。社会主义新中国诞生，就是建立在近代中国人民群众反抗外来侵略、反抗封建统治的基础上的。

应该指出，英国在香港实行的自由主义的经济政策，对香港社会的发展是有作用的。但是如果没有香港地区华人的艰苦奋斗、聪明才智，没有祖国作为香港的广大腹地，没有祖国的政治稳定、社会发展和改革开放，香港的发展和繁荣是不可想象的。

一百多年来，中国人民一直希望收回香港地区。旧中国政府也作过收复香港“新界”的尝试。只是在中华人民共和国成立后，国家逐步强大起来，中国人民的夙愿才有可能得以实现。在“一国两制”的奠基者邓小平的主导下，1984 年中英两国签署联合声明，确认1997年7月1日中国政府恢复对香港行使主权。香港回归，这是20世纪下半叶伟大的历史事件之一。它不仅洗刷了一百多年来中国人民所蒙受的耻辱，标志着中国人民向着祖国统一的伟大目标迈出了重要的一步，也为和平解决国际争端，特别是国与国之间的历史遗留问题提供了新的经验。

香港历史即将翻开新的一页。展望香港的未来，我们有理由充满信心。有全国人民代表大会颁布的《中华人民共和国香港特别行政区基本法》以法律形式规定下来的“一国两制”的方针，相信“港人治港”“高度自治”“共同繁荣”的目标一定能够实现。我们坚信，在祖国的怀抱里，香港将以崭新的面貌，走向21世纪，走向繁荣稳定的未来！

在香港即将进入新的历史时期的前夕，各位学者聚集一堂，研讨鸦片战争和香港的历史，不仅有重大的学术意义，也有重大的现实意义。历史研究是过去与未来的对话。相信你们的研究成果，可以为7月1日以后香港基本法的贯彻，为香港未来的稳定和繁荣提供有益的历史借鉴。请允许我代表中国社会科学院欢迎各位学者的光临。希望诸位在宝安生活愉快，预祝这一次鸦片战争与香港学术讨论会取得圆满成功！

谢谢各位。

（载《中国社会科学院通讯》1997年6月27日）

发展考古学　多出科研精品*

（1997 年 6 月）

为集思广益、共同推动考古学科建设，中国社会科学院考古研究所召开这次“世纪之交中国考古学精品战略研讨会”，邀请各省、自治区、直辖市考古、文物研究机构负责同志，就学术课题和工作经验等有关问题，相互交流、共同商讨。

中国作为世界文明发祥地之一，有着悠久的历史和灿烂的文化。当代考古学的研究表明，在中国史前文化和古代文明的发展过程中，虽然同外界有过交流和相互影响，但可以确认：中国古代文明是土生土长、独立发展、自成一系的东方原生文明。其源远而流长，内涵丰富多彩，博大精深。中华民族在生存、发展的悠悠历程中，显示出勤劳、智慧和泉涌般的创造力，为人类文明做出了重大贡献；同时又培育出伟大的民族精神，具有强大生命力和凝聚力。在世界著名的文明古国中，中华民族是唯一历史绵延不断，而今勃发生机的伟大民族。我们的民族精神和优秀文化传统，是爱国主义深厚的历史根基，是建设有中国特色社会主义物质文明和精神文明的宝贵资源和动

* 在世纪之交中国考古学精品战略研讨会上的讲话。

力。爱国主义历来是团结和鼓舞亿万中国人民争取民族独立和解放，争取祖国繁荣和富强的一面伟大旗帜，是凝聚56个民族，维系海内外中华儿女，激励中国人民自强不息、勇往直前的精神支柱。而弘扬爱国主义，帮助人民认识自己的悠久历史和优良传统，增强民族自信心，提高思想道德素质和科学文化水平，是哲学社会科学领域建设社会主义精神文明的一项根本任务。

中华民族精神和优秀文化传统，具体而生动地体现在淹埋于地下的古代遗迹、遗物以及其他历史文化遗存中。如何通过考古调查、发掘和研究，把无比丰富的文物史迹所蕴含的民族精神、民族智慧、民族文化的优良传统，给予科学的阐释，并在一定范围内注意把考古专业性很强的文字表述，恰当地转换成一般社会历史语言，使其得到传播并发扬光大，更好地发挥考古学在社会文化领域中的影响力，是考古学者肩负的社会责任。

考古学的研究对象是古代人类活动遗留下的实物资料，有它自己的以田野工作为基础的一套独特的研究方法和手段。从研究对象和研究方法的角度来说，与以文献史料为基础的历史学有一定区别。新近颁布的学科分类已将考古学改订为同历史学并列的一级学科。而考古学研究的目标是阐明社会历史的发展规律，从广义上来说，它仍属于历史科学。我们祖先曾留下浩如烟海的文献典籍，即便在没有文字记载的史前时代，也有一些口碑相传的史料保存在先秦或汉代文献中。考古学当然首先应当从考古材料出发去研究、论证问题，同时又以文献作为参考，这正是中国考古学得天独厚的特点和优势。

中国考古学有宋代以来金石学的传统，但真正以田野工作为基础的近代考古学，则是在“五四”新文化运动的背景下，从国外引入，于20世纪20年代诞生的。经过数十年的艰辛努力和不断积累，考古学已具有相当雄厚的基础。尤其是在改革开放新时期，我国的考古事业获得空前的蓬勃发展。目前，各省、自治区、直辖市都建立起了考古、文物研究机构，专业队伍的人数和学术水平远非昔日可比，这是中国考古事业和考古学科兴旺发达的重要标志。经全国考古工作者辛勤劳动，各地相继有一批又一批具有重要历史、学术价值的考古发现和各类研究成果面世。在党的实事求是思想路线指引下，考古学界不仅在一些具体学术问题上展开热烈讨论，关于考古学理论、方法的探讨也空前活跃，呈现出学术繁荣、学科发展的局面。

当前要发展考古学，首先必须继续强调认真、科学地做好田野发掘，及时、系统地整理资料并出版高质量的考古报告。同时，要在资料积累和专题研究基础上，面对丰富多彩、错综复杂的考古发现做理论思考，以马克思主义为指导，进行去伪存真、由表及里、由此及彼、由浅入深的系统研究和理论概括。读懂、读通这本丰厚但又断章残页的无字地书，从中揭示古代先民生产、生活、社会组织、观念形态以及他们所处的生态环境等方面的状况，据以复原古代社会原貌，并对中华民族、中华文明和国家的起源、形成与发展的历史特点及规律，给予科学总结。这是一项长期的、艰巨的系统工程，要坚持不懈地做大量工作。

要树立精品意识，实施精品战略。高质量、高水平的科研精品，是创造性和科学性的统一，是科研活动求真、求深、求新的积极结果。从考古学来说，精品主要是指：提出并经论证足以推动学科发展的新观点、新理论，创立和总结了富有成效的新的研究方法和手段，发现并精辟论述了具有重大意义的新材料。总之是指对弘扬祖国优秀传统文化，对建设社会主义精神文明，对推动学科发展做出较大贡献，并在国内同类成果中居于一流水平、处于领先地位的科研成果。要多出这样的精品，就必须坚持运用马克思主义辩证唯物论和历史唯物论的观点，坚持一切从实际出发、实事求是的科学态度，善于从田野工作实践中提出问题，善于总结新资料、新成果，并升华为新的理论认识。

要多出科研精品，离不开人才的培养和队伍的建设。一方面要充分发挥学有专长、具有较深造诣的专家、学者的作用，同时要特别注意吸收比较年轻的有培养前途的研究人员参加重点课题。考古学具有自身的特点和规律，考古学的研究对象涉及古代人类生活的方方面面。一位优秀的考古学家需要有广博的知识，扎实的功底，丰富的田野工作经验，深厚的理论素养和勇于创新的精神。考古学课题又大都是集体合作项目，需要团结共事，具有良好的集体协作意识。要树立严谨的学风，殚精竭虑，精益求精，锤炼出精湛之作。由此造就出一批业务和思想水平都过硬的优秀人才。

学科的发展，重大课题的研究，要求各有关兄弟单位加强交流，分工协作；同时，还需要加强同其他学科包括自然科学、技术科学的结合，发挥多学科综合性优势，联合攻关。希望考古学界也在这方面努力，开拓新路。

1997 年 7 月 1 日，香港就要回归祖国。中国人民 155 年来蒙受的国耻将得以洗雪。在这中华民族重新奋起的伟大时代，在这世纪之交，又是考古学科继往开来、专业队伍新老交替的历史时刻，我们热切期望通过这次研讨会，就中国考古学如何开拓进取，迎接21世纪的挑战，就近十年左右的重点学术课题和相关的田野工作、专题研究，就加强联系与分工协作等问题，大家深入交换意见，并取得成果。

（载《考古》1997年第10期）

在授予井上清教授名誉博士学位仪式上的讲话

（1997 年 7 月 9 日）

尊敬的井上清教授，各位朋友：

今天，我们在这里举行授予井上清教授中国社会科学院名誉博士学位的仪式。井上清教授是国际知名的历史学家，是中国社会科学院、中国学术界尊敬的老朋友。经过中国社会科学院推荐，国务院学位委员会业已批准授予井上清教授中国社会科学院名誉博士学位。

井上清教授于 1961 年起担任日本京都大学人文科学研究所教授，1977 年退休后任名誉教授、日中友好协会京都地区代表召集人。他专长于日本史研究，长期担任日本国内权威的学术机构——日本学术会议的成员，在日本学术界有很高的威望。他所著有关日本史著作多达 20 余种，《昭和五十年》、《日本军国主义》（4 卷本）、《日本帝国主义的形成》、《昭和天皇的战争责任》等著作都已译成中文，是中国学者研究日本史和中日关系史的重要参考书。

作为日本马克思主义学派——讲座派——的元老和中坚，井上清先生历来主张用马克思主义的唯物史观指导历史研究，提出要深刻批判战前日本的历史学，建立人民的历史学。他的著作着力批判日本军国主义，批判天皇制度，批判日本侵略中国。他是著名的京都学派代表人。

20 世纪 70 年代初，井上清先生公开发表《钓鱼岛等的历史和归属问题》《钓鱼岛等岛屿的历史和领有权》等多篇论文，运用中国、日本、琉球的历史资料，充分论证钓鱼岛列屿从来就是中国的领土，理应按照《开罗宣言》和《波茨坦公告》，随着被日本占领的其他中国领土一起归还中国。1966 年秋，正当日本一股势力无视历史事实，再次宣称钓鱼岛及其附属岛屿是日本领土的时候，井上清先生在其所著《“尖阁列岛”——钓鱼岛的历史解析》一书的再版前言中明确指出，日本政府对于日本右翼团体的钓鱼岛活动未加干预，“这是东山再起的日本军国主义对中国的严重挑衅”。在钓鱼岛列屿归属问题上，明确而又坚定地支持了中国人民的立场。这种真正实事求是的学者态度，是特别令人崇敬的。

自 1960 年以来，井上清教授已 30 多次访华，曾多次受到毛泽东主席、周恩来总理、王震副总理、全国政协主席邓颖超等领导人的接见。他和郭沫若院长、胡绳院长和范文澜所长、刘大年所长是多年相知相交的老朋友。他首次访华，就访问了我院近代史所。1990 年近代史所建所 40 周年，井上清先生专程前来祝贺，并且表示中国社会科学院近代史研究所是他的第二个“家”。井上先生不仅是我国老一代领导人的朋友，也是我院老一代学者的朋友。

我院授予井上清教授名誉博士的称号，是代表中国社会科学院对井上先生在历史学领域所做出的杰出贡献表示褒奖与敬意。我希望井上清先生在安度晚年的同时，能够继续为我院的科学研究事业贡献自己的学术智慧。最后，我衷心祝愿井上清先生身体健康，长命百岁。

谢谢！

（载《文献汇编》1997 年第 1 期）

开创方志理论建设的新局面*

（1997年12月3日）

中国地方志协会1997年学术年会的主题是探讨续修下一届方志的理论问题。听说同志们准备了不少论文。我简单谈点儿意见，作个开场白，以期抛砖引玉。

新编地方志的编纂工作，自80年代初期启动至今已经有17个年头了。从全国总体进度来看，可以讲本届修志已经进入后期。我这里有个统计材料：全国省、地市、县三级志书共计划出版五千多部。到1996年底，已经出版志书3043部，其中，县级志书1665部，地市级志书523部，其余的是省级志书。这就是说，有1665个县、523个地市完成了本届志书的编纂任务。这是去年年底的情况，今年一年又会有大量志书出版。估计绝大部分志书已经完成了编纂、出版，有的虽然还在编纂，但也接近完成。这表明，这一届的修志工作已经到了最后阶段，快要完成了。那么，已经完成编修任务的地方的方志工作者，下一步要做什么呢？

一是要开展用志活动。我们编修地方志，一个地区几百万

---

* 在中国地方志协会1997年学术年会开幕式上的讲话。

字，甚至上千万字、几千万字，花了那么大力量，出版了这么大分量的成果，当然不仅是为了摆在图书馆里、摆在书架上，而是为了提供使用。而这么大分量的成果，除了专家、学者有时要购买、查考之外，一般的干部群众可能就很难去买、去看。为了让大家使用编纂出来的地方志，使得志书确确实实能起到过去常讲的“存史、资治、教化”的作用，就必须大力开展用志活动。

要编写普及本或者简本。从几百万字的篇幅中提炼，编出一个三十万字左右的简本，把它提供给广大干部群众和海外想要了解各地情况的朋友们。如果每个地方编写了这样一种三十万字左右的方志的普及本，把原来方志中最重要、最精彩、最为大家关注的事情写到简本里去，推荐给广大读者，让广大读者能买、能看、爱看，是一件很有价值的事。这种普及本或简本不应该是原来方志的简单的、平均主义的压缩，而应当是一种再创造。有的舍去，有的简略，而大家最愿意看的、最关心的、最有特色的部分，多给一些篇幅。这是再创造，也是一个再研究的过程，不是简单地勾勾画画就能够完成的。还要编写一些专门的小册子或文章，为社会主义现代化建设服务。要主动地为各地的党和政府提供咨询和服务，向广大群众做些报告、讲演，以宣传本地区有重大意义的一些事情。如果说以前主要埋头于编修志书，那么现在应该花更大的精力去运用志书。已经确定明年要开一次用志的会，讨论在现代化建设和改革开放中如何更好地发挥志书的作用。

第二是要为编修新一届志书做准备。李铁映同志说：“一届志书完成之日，就是新一届志书开修之时。”我觉得这个提法很好。所谓开修，不是马上就动手写，而是要为编修新一届志书做大量的准备工作。没有充分的、高质量的准备，就不可能编修好新一届的地方志。做好必需的准备工作，是编修新一届志书的第一步。

准备工作包括很多方面。我想最重要的当然是资料方面的准备。比如说，对已经收集到的资料要做好保存保管、系统整理的工作，不要把前一阶段辛辛苦苦收集到的资料轻易丢掉，要保存好、保管好，分门别类地整理好，因为下一次续修志书时还可能要继续用。对那些已经写入上一届志书中的资料，要进一步认真地考订。现在已经发现有些志书中的一些资料与事实有出入、有谬误。应该认真负责地对已经收集并使用的资料进行考订、考证，使以后能写得更准确、更完善。更大量的工作，是要进一步开展资料收集工作。资料收集工作应该是编修新志书的最重要的准备，是打基础的工作。

同时，思想理论的准备，要走在前面。要编修出一部合格的地方志，离不开科学的方志理论的指导，资料的收集整理也要有理论的指导。新一届的地方志要有新的起点，达到新的高度，不只是指时限上的新，主要是指在思想认识上要有新的开拓，在志书科学质量上要达到新的高度，要适应即将来到的21世纪的需要。这就离不开续修志书理论的研究和建设。

这些年，方志理论建设和方志编修实践紧密结合，互相配合，互相推进。修志工作逐步扩大、逐步深入的过程，同时也是方志理论探索逐步拓展、逐步深化的过程。

我们已经建立起一支老中青结合的方志理论队伍。参加这支队伍的有社会上各方面的专家、学者，更多的则是有较丰富的修志经验的实际工作者。17年来，广大方志理论工作者和方志编纂者对社会主义时期新方志的一系列重要理论问题和实际问题进行了认真的探讨。涉及方面很广泛，从新编地方志的性质、任务、特点、功能、价值等基本理论问题，到方志体例、篇章结构、记述内容、文体文风、组织管理、志书应用问题，以及方志史等，都做了大量的研究，发表了不少有创见的论文，对指导本届修志和培养修志队伍，起了积极作用。和本届修志初起时相比，现在对编地方志的认识，是丰富得多、深刻得多了。本届修志之所以能做到志书总体质量比较好，并且出现了一批令人瞩目的比较优秀的志书，是和方志理论建设上的进展分不开的。

当然也要看到方志理论建设还远不能适应当前修志工作发展的需要。主要表现在：对 17 年来的丰富修志经验还未能作出应有的理论上的概括；对即将来临的 21 世纪续修新志也缺乏应有的超前研究。可以举出一些例子作说明：

我们还没有能对我国规模空前、内容丰富的修志活动作全面的观察分析，通过大量的客观事实，分析其兴起和发展的社会历史背景和原因，研究它对社会生活各个方面的作用、影响，研究今后发展的趋势以及存在的问题。也就是说，还未能对这一场宏伟持久的修志活动做出深入的规律性的探索并获得较高水平的科研成果。

在这次修志中提出了许多理论问题和实际问题，如志书的真实性、科学性问题，提高志书学术品位问题、志书反映地区的总体性和局部性的关系问题、地方特色问题、修志作为学术性劳动的特点问题、新方志学的性质和研究对象问题，等等。针对这些问题已经发表了不少文章，一些文章也起了很好的作用。但是，真正能从理论和实际相结合的高度上说明问题的文章不多，相当一些文章就事论事，理论概括性不强，说理不深不透，未能充分反映本届修志的丰富经验。这些年来，开展过一些理论问题的讨论，但往往未能坚持下去，有始无终，半途而止。一些不同观点的争论，未能通过讨论，提高认识，取得共识。

处在世纪之交的关键时刻，要把地方志事业推向21世纪，我们必须进一步提高方志理论建设的水平，开创出一个新的局面。

我国有编修地方志的优良传统，过去有许多著名学者曾论述过如何编修地方志，并从理论上作过概括。应该很好地研究，取其精华，去其糟粕。新的方志理论不可能是凭空诞生的，而只能是过去方志学的继承与发展。所以要认真研究过去知名学者，如章学诚等对方志理论的见解，可以编一本古代学者论述方志编纂的书，供编修方志的同志来研究。

地方志编纂，涉及多种学科。从事方志理论工作的同志要尽可能地掌握科学的理论武器——不仅仅是马克思主义的基本理论、方志编纂的理论，还要掌握相关学科的知识，不断更新知识结构，开阔理论研究的视野，进一步提高方志理论研究的科学水平。

最重要的是，必须重视总结本届修志的实践经验。理论来自实践，理论又指导实践，这是马克思主义的认识论。应当把总结本届修志经验当作方志理论建设的基础和出发点。这一届编修地方志，是我国方志史上从未有过的一次全国范围的修志实践，一次有组织有领导的修志实践。参加这次实践的，不仅有大量具有强烈事业精神、了解情况、善于学习和思考的专业工作者，有各方面有造诣的专家、学者，还有一大批富有实际工作经验、熟悉当地地情的老干部、老同志。也就是说这次修志实践中凝聚着成千上万地方志编纂实践者的集体智慧。对本届修志中不论是成功的经验，还是失败的教训，都要十分重视，看成一笔宝贵的财富，加以总结，提高到规律性的认识，进而形成理论形态的成果或相应的政策建议。

我们已经出了三千多部书，对这三千多部书，要分析哪些是成功的，哪些是不怎么成功的，哪些是败笔。这当然是一件艰苦的事，但如果不进行这项工作，总结本届修志经验就成了一句空话。不把这几千部志书成败得失的经验搞清楚，怎么能够使我们的方志理论建设有所发展呢？怎么能使下届志书有新起点，达到新的高水平？所以无论如何要对这三五千部志书，好好地研究，加以分析、比较、提炼，然后形成新的理论。在这个过程中，要虚心听取干部、专家、群众的意见，“择其善者而从之”，这是方志理论建设最重要的方面。

我相信，只要坚持正确的政治方向和思想路线，经过持久不懈的努力，就一定能创造出无愧于前人、无愧于时代的新的马克思主义方志学理论和新方志学，从而为新编地方志事业在21 世纪的新发展做出贡献。

（载《中国地方志》1998 年第 1 期）

1998 年度院工作会议上的讲话

（1998 年 1 月 14 日）

关于去年工作的总结和今年工作的具体安排，汝信同志将要做报告。受院党委和院务会议委托，我就今年工作的几个重要问题讲几点意见。

一　贯彻十五大精神，以邓小平理论指导科研和其他各项工作

贯彻十五大精神，首先要自觉地坚持以邓小平理论指导社会科学研究。坚持以邓小平理论为指导，与坚持以马克思列宁主义、毛泽东思想为指导是一致的。看不到邓小平理论与马克思列宁主义、毛泽东思想之间一脉相承的关系，把它们割裂开来对立起来，是错误的。在社会科学研究工作中，必须坚持以马克思列宁主义、毛泽东思想、邓小平理论为指导，才能够以正确的立场、观点和方法，准确地把握时代特征和当代中国国情，揭示社会生活的本质和主流，认识有中国特色社会主义的发展规律，从而为建设有中国特色社会主义的宏伟事业建功立业，并因此推动社会科学各学科繁荣和发展。要能够做到这一

点，就要求社会科学工作者坚持不懈地学习马列主义、毛泽东思想和邓小平理论。在新的一年里，全院各级党委要把学习邓小平理论的工作抓紧抓好，组织大家努力弄懂在社会主义初级阶段如何建设社会主义这个核心问题，领会和掌握党在社会主义初级阶段的基本纲领。各研究所、各部门和同志要根据各自研究的学科和工作实际，确立着重要学习研究的方面。要组织广大干部、科研人员和职工在认真学习《邓小平文选》，学习十一届三中全会以来党的重要文献的同时，认真研读马列的若干重要著作，研读《毛泽东选集》以及《毛泽东著作选读》中新中国成立后的著作。

必须看到，从现在起到21世纪的前十几年，是我国社会主义现代化建设的关键时期。我们既面对发展的大好机遇，也面对严峻挑战。在国际上，西方敌对势力力图“西化”“分化”中国，综合国力的激烈竞争给我们以巨大压力。在国内，经济体制改革伴随着利益格局的调整，必然发生各种社会矛盾。当前，在国际局势、对外战略方面，在经济体制改革、经济发展方面，在社会整合、社会发展方面，都面临着一系列迫切需要解决的重要理论问题和实践问题。我们应本着报效祖国、报效人民的崇高目的，致力于亟待解决的重要理论问题和实践问题的科学研究，尽快推出经得起实践检验的高水平成果。在近期，应付出特别的努力，争取从时代特征和发展的角度认识邓小平理论；正确认识和准确把握公有制实现形式，推进国有企业改革；推进金融体制改革、防范金融风险；坚持按劳分配为主体、多种分配方式并存；推进政治体制改革，加速法治建设，实现依法治国；防止两极分化，建立社会保障体系；认识和把握有中国特色社会主义文化的发展规律等方面，充分发挥我院学科比较齐全，综合性、战略性研究实力较强的优势，做出第一流的研究成果。

江泽民同志在十五大报告中关于学风问题的精辟论述，凝结着我们党宝贵的历史经验教训，对于社会科学研究工作至关重要。坚持马克思主义学风，要求我们对待马克思列宁主义、毛泽东思想、邓小平理论，都要采取科学的态度，要在完整、准确地把握它们的科学体系上下功夫，防止片面性、随意性。坚持马克思主义学风，要求我们对待马克思主义不能从本本出发，而要着眼于新的实践、新的发展，创造性地运用和发展马克思主义。坚持解放思想、实事求是，在新的实践基础上继承前人又突破陈规，这是邓小平理论的生命和灵魂。坚持邓小平理论为指导，就应当在完整准确把握邓小平理论的科学体系基础上，密切关注发展着的改革开放和现代化建设实践，研究新情况，总结新经验，解决新问题，进行创造性地理论思维，在实践中坚持、丰富和发展邓小平理论。

二　坚持不懈地实施精品战略，努力提高科研工作的质量

精品战略的提出和实施已经一年了，大家是赞同的，也正在朝着这个方向努力。

科学的生命在于创造。我院的生命力和活力，就体现在能够不断地推出有创见的精品力作。为着保持并进一步激发这种生命力和活力，要求所有的研究人员都树立精品意识，最大限度地发挥能动性和创造性，创作至少相对自己而言的更高水平的成果。从而提高我院科研工作的整体质量，在此基础上推出

一批具有重要学术价值和社会效益、能够产生较大影响的精品力作。

要采取政策措施，尽可能为出精品创造有利条件。根据以往经验，当前应抓好以下几个环节：

其一，要选好题，重视课题的价值和意义。我国在迈向现代化过程中所经历的深刻而广泛的变革，在世界历史上是少见的。在这个过程中，既积累了宝贵的经验，也遇到了不少难题，这都为社会科学研究提供了难得的客观条件，为出精品、出学术大家提供了机遇。研究工作要把握住时代跳动的脉搏，与之相吻合。课题的选择，要紧密结合改革开放和现代化建设的需要，紧密结合学科发展的需要。

当代社会科学发展的一个特点是，综合性研究、整体化趋势在增长，这是因为当代重大社会问题的解决往往不是某单一学科所能承担的。但这种综合性、整体化趋势是以科学的高度分化、专门化为基础。一般说来，综合性研究需要多学科研究人员参与，分化、专门化研究更适宜于相关学科学者个人承担。过去在组织重点课题时，一般都比较重视集体项目。这当然是必要的，应当继续抓好。但是不应当因此排斥学者个人凭借自己的专长和爱好选定的自选课题。科研活动是一种复杂的精神劳动，需要发挥学者独特的创造性思维。学术史上许多精品都出自某个学者的独作，原因也在这里。个人项目，只要是确有价值而承担者条件又好的，就应该给予支持和资助。当然，在管理上可以与集体项目有所区别。

其二，要解决立项过多、战线太长、力量分散的问题。有些研究所、相当多的研究人员为了争取经费，就想方设法多上课题，以至形成一个人同时承担几个课题的局面。这势必分散时间和精力，难以出精品。人们常说，“十年磨一剑”。现在是一个人同时磨几把剑。为了保证重点课题的质量，应当限定，任何人不得同时担当两项以上院重点课题的主持人。在缩短战线的同时，院重点课题的资助力度要相应加大，要使中青年科研人员在承担重点课题方面有更多的机会。

其三，要加强对项目执行情况的督促和检查。课题执行过程的管理，是容易被疏忽的环节。现在有些课题选题很好，资金也已到位，但工作不到位，执行情况不好。到了预定完成时间，拿不出成果，一拖再拖，有的甚至成了“胡子工程”。据最近科研局对由我院承担的应于 1997 年底完成的 114 项国家社会科学基金项目执行情况的检查，到 1997 年 10 月实际完成仅 49 项，结题率只有 42.9%。在未能完成的项目中，有将近 30 个项目已经延期了一次或两次，至今仍然无法结项，有的将不得不作撤项处理。有六七个研究所的结题率在 30% 以下。国家社会科学基金规划办公室对结题率的不同情况作不同处理有硬性规定，比如结题率低于 60% 的单位将不允许申报新的项目。我院也应作相应的规定，例如，凡承担院重点课题结题率低于 60% 的，不再上院重点项目。加强课题执行过程的管理，目的是保证科研计划和目标能够很好地完成。要注意了解课题的进展情况，及时发现和协调解决课题执行过程中的问题。

其四，要做好成果的评估、鉴定和宣传工作。成果如何是衡量研究人员业绩的依据，我院制定的成果评估指标体系已经院务会议审议，即将正式下发执行。但是不能指望一个条例就能解决问题，在执行中还需要有认真负责和严谨的态度。现在有一种不好的风气，影响成果评估工作和学术批评的开展。这就是只说好，不说坏，甚至互相吹捧。有的专家，包括有的所学术委员会，失去应有的严肃态度，随意写评语。有些自己明知是不负责任的评价鉴定意见，在社会上发表也毫无顾忌。这也是一种学风不正的表现，必须纠正。中国社会科学院应当在全国学术界带一个好头，建立严肃的学术评价机制，以落实精品战略。

凡学术精品，都应当予以奖励，并积极地推向学术界和社会，以产生更大的影响。我院将编辑出版一套学术文库，它将涵盖各个学科，选载能够代表我院水平的高质量的科研成果，长年出下去。各个研究所要把你们的代表作推荐出来，进入文库。这也将是衡量和反映研究所工作业绩的一个标志。

三　认真做好所局领导班子换届工作，继续加强两支队伍建设

本届所局领导班子已近届满，今年将进行换届，这是一项关系我院跨世纪发展的大事，全院同志要按照院党委的部署，严肃认真地做好这项工作。

这次所局领导班子换届工作的指导思想是，认真贯彻党的十五大精神，全面落实干部队伍革命化、年轻化、知识化和专业化的方针，按照德才兼备的原则选拔、配备干部，以提高素质、完善结构、增强活力。要使各所局新组建的领导班子，是坚持马列主义、毛泽东思想、邓小平理论，坚决贯彻党的基本路线和基本政策，年龄结构、专业知识结构合理，具有开拓进取精神，团结协作的领导集体。

搞好换届工作的关键，在于考察干部，选贤任能，将那些群众公认的政治素质好、业绩突出、组织管理能力强、清正廉

洁、勇于开拓的优秀中青年干部选拔充实进领导班子。包括干部考察工作在内的整个换届工作，都应在党委领导之下进行，但党委一班人要坚持走群众路线，将党委通过人事部门考察和群众评议推荐结合起来。要注意做好对于干部、职工的发动工作，动员他们以高度的责任感和严肃认真的态度积极参加换届工作。所党委的换届选举要遵循民主集中制的原则，严格按程序进行，防止个别人借选举之机拉帮结派，确保选举工作顺利进行。要教育广大干部特别是党员领导干部讲党性、顾大局，牢记全心全意为人民服务的宗旨，客观、公正地评价干部，正确处理好个人去留问题。

既然是换届，就必然有进退。一部分优秀中青年干部进入领导班子，是我们的事业不断发展的需要；一部分老同志退出领导岗位，同样是我们的事业不断发展的需要。借此机会，我代表院党委和院务会议，向多年来在所局领导岗位上尽职尽责，为我院的建设和各项工作的发展做出重要贡献，在此次换届中即将从领导岗位上退下来的老同志，表示衷心的感谢和崇高的敬意。希望这些老同志站好最后一班岗，保证所局各项工作的正常进行并完成好新老班子的平稳过渡。为了继续发挥部分退下来的老同志在我院科研工作中的作用，院党委和院务会议决定，换届工作结束后，就成立“中国社会科学院学术咨询委员会”，作为院党委和院务会议组织科学研究、掌握学术动态、加强和改善学术领导的参谋。

换届以后，要把注意力及时转到加强新领导班子的自身建设，集中精力治所管所。新班子要有新气象，新进班子的同志要认真学习中央对领导干部的基本要求，尽快熟悉我院的规章制度，努力提高自身的思想政治素质和领导工作能力，尽快适应新角色的需要。

队伍建设方面的另一项重要工作，就是加快中青年学科带头人和管理干部后备队伍的培养步伐。经过前几年的努力，我院在学科带头人的培养和选调方面取得了明显的进展，使部分学科带头人“断档”和科研骨干青黄不接的状况有所缓解。但是，从全院现有学科带头人队伍的年龄结构看，情况并不乐观。根据有关部门的调查分析，我院现有学科带头人中，年龄在57岁以上的占54.6%，也就是说，有半数以上的学科带头人将在2000年前后到达退休年龄，另外还有35%的学科带头人也将在2005年前后退休。由此可见，下大力气培养新一代的学科带头人，是新一届所、局领导班子面临的非常紧迫和繁重的任务，一刻也不能放松。院、所两级应密切配合，切实落实已经出台的培养人才的各项措施。对于科研骨干的思想状况、科研状况、学风，以至生活和身体状况，要给予更多的关注和关心，及时帮助他们解决在成长过程中碰到的各种问题，为他们尽快成长造成良好条件。要通过多年不懈的努力，培养一大批优秀的学科带头人和科研骨干后备队伍，并在此基础上造就出一批学术“大家”。还要看到现有的管理干部队伍已满足不了我院建设和发展的需要。院所两级党委要着眼于21世纪社会科学事业发展的需要，继续把管理后备干部的选拔和培养工作，放在培养学科带头人工作同等重要的位置抓紧抓好。

四　围绕出精品、出人才，深化我院各方面的改革

在科研管理体制方面，前些年已陆续出台了一系列改革措

施，涉及学科布局的调整，重点学科的建设与管理，重点课题的申请立项、经费资助、中期检查、结项验收、成果评估和出版补贴等各个环节。这些改革措施对于加强重点学科建设和重点项目管理，提高资源使用效率，调动广大科研人员潜心研究的积极性等方面起到了积极作用。今年深化科研管理体制改革的重点，要围绕实施精品战略，促进多出学术精品的需要，建立和完善各项配套措施。例如在前面已经提到的，要建立课题主持人只能承接一项而不能同时承担多项院重点课题的制度，以保证集中精力高质量地完成重点课题的研究任务；加大对实施重点管理的重点课题资助的资助强度，并预留一定比例的经费用于课题结项评估后对高水平成果的奖励；建立中国社会科学院学术文库，专门出版精品之作，等等。总之，要采取各种有效措施，激励科研人员创作出对党和国家决策具有重大参考价值或对学科建设具有重要影响的学术精品。

在人事管理体制方面，要在继续落实《跨世纪人才工程》和完善各项人事制度改革配套措施的同时，尽快完成研究所专业技术职务岗位核定工作，积极推进以评聘分开为核心的职务评聘制度改革。近些年来，随着我院高层次、高学历（主要是博士、硕士）人才的不断补充和中青年科研骨干队伍的成长壮大，现有的高级职务编制数特别是正高级职务名额与队伍建设需求间的矛盾日益突出。一方面，一批中青年科研骨干正在陆续达到晋升年限并具备了晋升正高级职务的学术水平，由于名额限制无法晋升；有些重点学科急需调进的学科带头人也受到高研指标的限制难以调入。另一方面，有的取得正高级职务的科研人员失去了继续进取的动力，在科学研究方面少有新的建树。要解决这一突出矛盾，出路在于改革。拟议中的以评聘分开为主要内容的专业技术职务制度改革方案，应在充分论证的基础上尽快出台，以更好地发挥职务评聘在人才资源开发中的重要杠杆作用，形成有利于人才成长、能充分调动科研人员积极性的竞争激励机制。

在后勤管理、服务方面，要继续实行向重点学科、重点课题和有重大贡献的中青年科研骨干倾斜的政策。在经费分配上加大对重点学科和重点项目的扶持力度，在住房分配方面优先考虑有突出贡献的科研骨干，为选调急需人才提供物质保障。经过几年的努力，我院的科研条件和生活条件虽已有所改善，但经费不足、收入偏低、科研办公用房和职工住房紧张等困难并没有根本缓解，仍然是制约我院各项事业发展和影响队伍稳定的重要因素。继续深化行政后勤管理体制改革，努力增收节支，不断改善科研条件和职工生活条件，提高服务质量，仍是今后一段时期的重要任务。全院行政后勤战线的广大干部、职工，要牢固树立服务意识，努力开拓进取，扎实工作，把后勤保障做得更好。

（载《社会科学管理》1998 年第 1 期）

纪念郭沫若*

（1998 年 6 月）

恩格斯在论到“文艺复兴”时代时说过：那时曾经出现一批巨人，他们既在实际斗争中推动历史前进，又在好多专业里有着广泛的、杰出的成就。我想，郭沫若称得上是这样的巨人。

郭沫若是革命家、社会活动家、史学家、古文字学家、诗人、剧作家、书法家。在中国 20 世纪学术领域中，郭沫若是具有深远影响的历史人物。他涉猎之广，著述之丰，成就之高，是中国历史上少有的。从五四运动前后到 1978 年郭老去世的 60 年中，他的学术活动与中国思想文化的发展进程紧密联系，而且在不同历史时期产生过领导潮流的重要作用。人们会在某个方面达到或超过他的成就，却难以在诸多方面同时达到或超过他。科学是不断向前发展的，学术无止境，郭老的学术成就当然也不是不可超越的。他的一些研究成果已经陆续被后来人的研究成果所充实、所深化，他对有些学术问题的观点

---

* 根据作者在郭沫若纪念馆十周年纪念会和郭沫若史学奖评审会两个会上的讲话整理而成。

或许值得商榷，但是这些无法抵消郭沫若对中国思想文化进程起过的推进作用。

郭老在史学方面的建树硕果累累。人类对于自己的历史早就开始了研究，但是，这种研究只有在马克思主义的唯物史观创立以后，才成为科学。郭老在20世纪20年代末30年代初，潜心研究了中国古代社会，写了《古代社会研究》，以后又写了《十批判书》，等等。中国的历史学科能成为科学，郭老是开拓者、先驱、奠基人之一。这个功绩是磨灭不了的。

现在，海内外有一些人否定、奚落、攻击郭老，这不仅是因为他运用马克思主义来研究学问，更因为他热爱共产党、热爱社会主义。这些人用“攻其一点、不及其余”的方法抹杀他的学术成就，甚至攻击他的为人，这是很不地道的。“尔曹身与名俱灭，不废江河万古流。”这话对于这种情况，非常适合。

（载《郭沫若学刊》1998年第3期，《中国社会科学院院报》2000年1月18日）

革命性和科学性结合的典范*

（1998 年 12 月 22 日）

由人民出版社出版的《胡绳全书》，结集了胡绳同志从 1935 年起 60 多年间所写的有代表性的主要著作，比较完全地反映了胡绳同志一生研究和写作的丰硕成果。《胡绳全书》的出版，是 1998 年学术文化出版界的一件盛事。

《胡绳全书》收集的文章时间跨度很大，涉及问题十分广泛。尽管如此，在《胡绳全书》中，人们不难看到，这里面有一个一以贯之的“道”。那就是：胡绳同志始终用马克思主义指导自己的研究和写作；始终注重从实际出发，经过分析、提炼、概括，得出符合客观实际的科学见解；始终把自己的研究和写作，作用于推进人民的革命事业，推进社会主义事业，使之服务于民族独立、国家富强和人民幸福。在胡绳同志那里，革命性和科学性绝不是相互矛盾、不能并存的；相反两者得到了较好的统一，可以说是相得益彰。通过《胡绳全书》，胡绳同志为我们树立起把革命性和科学性结合起来的可资效法的典范。

---

* 在《胡绳全集》座谈会上的讲话。

《胡绳全书》里的文章还有一个明显的特点，就是它总是努力把道理讲得尽量周到，论述到研究对象的方方面面，总是努力把道理讲得透彻、深刻、细致。当人们觉得道理似乎已经讲完的时候，胡绳同志的文章却往往能峰回路转，别开生面，把人们带进一个新的境界。而有着这样好的内容的文章，其表达形式却是十分的朴实，不哗众取宠，不虚张声势，更不以势压人。胡绳同志的文章，不是靠别的，而是靠思想的力量、逻辑的力量来说服人、征服人的。胡绳同志在国内外的众多读者中，在持有不同观点的学者中间享有盛誉，我想这是一个很重要的原因。

胡绳同志是我很敬佩的师长，我是胡绳的学生。尽管学得不好，仍然受益匪浅。1951 年我高中毕业，被分配到中学教历史。我主要是靠两本书，一本是范文澜的《中国通史简编》，另一本是胡绳的《两千年间》。主要依据这两本书，我讲了近两个学期，大概还不算误人子弟。1952—1955 年，我就读于中国人民大学，在这期间较多地接触了胡绳同志在历史方面的著作和文章，如《论鸦片战争》《帝国主义与中国政治》《孙中山革命奋斗小史》等。在这些著作和文章中，我开始感觉到了刚才讲的那些体会。以后，随着时间的推移，读胡绳的东西愈多，这种体会就愈益加深，并努力加以效法。1955 年，我调到中央政治研究室工作，胡绳任副主任，在这期间，我在近代史和形式逻辑方面所做的一些工作，都是在胡绳同志的直接指导下进行的。他对我的教育、引导、指点，我将铭记不忘。

（载《社会科学管理与评论》1999 年第 1 期；《中共党史研究》1999 年第 2 期；《思慕集》，社会科学文献出版社 2003 年版）

《当代中国》丛书暨电子版完成总结大会上的讲话

（1999年6月30日）

《当代中国》丛书是由胡乔木同志倡议，中央书记处批准，邓力群、马洪、武衡同志主持编写的大型国史丛书。从开始酝酿到编印出版，经历了十六七个年头。现在已经出书150卷。可以认为，该丛书的出版反映了我国国史研究工作和文化出版事业的新水平。我谨代表中国社会科学院向参加这项开拓性浩大工程的十万大军，向所有为这套丛书的编纂、出版付出辛勤劳动的同志，致以热烈的祝贺！

《当代中国》丛书庞大的规模，为容纳众多的史料提供了可能。《当代中国》丛书也确以资料丰富、准确见胜。由于种种原因，一些部门和地方的资料、档案多有缺失。在编写《当代中国》丛书的过程中，编写者们多方搜集资料，包括向社会征集各种资料和图片。书中使用的资料经过了认真的核实。这些丰富、确凿的资料，全面而生动地展示了新中国成立50年来所发生的巨大变化，取得的伟大成就以及曾经发生的失误，为系统地研究当代中国的历史，认真总结我国社会主义革命和建设正反两方面的历史经验，阐述有中国特色的社会主义道路，提供了厚实的资料基础。

尽管对资料的收集、考订不可能一次完成，今后必定会有新的发现和开掘，但这部记录当代中国历史的大型资料的价值，已经在许多方面表现了出来。而且这种价值，将会显示得越来越充分、越来越明显。

丛书在编写过程中，坚持以马列主义、毛泽东思想以及邓小平理论为指导思想。通过历史事实，描述了党和人民积极探索有中国特色的社会主义道路的曲折轨迹，阐述了我国社会主义现代化建设经过的艰辛历程，论证了党确立社会主义初级阶段的基本路线的正确性。通览丛书，人们将更加坚信只有社会主义才能救中国，只有社会主义才能发展中国。

新中国成立以来的50年，我国经历了深刻的社会变革，取得了巨大的历史进步。推动这个进程的历史创造者和见证人，许多都还健在。可是，对中国各族人民引为骄傲的这段历史，已经出现了一些不顾史实、信口雌黄的论著。考虑到这样的背景，《当代中国》丛书的出版，可以说是对这类论著的虽然不是直接的，但却是有力的回应。

一部1亿字的丛书，又是开创性的工作，难免在史料和观点方面出现一些差错和失误。有些卷由于出版的时间早，随着历史的发展，有的观点可能有些落后、陈旧。但《当代中国》丛书从总体上看，无疑是一部同上面提到的那些论著根本不同的、严肃的、科学的好书。有了它，人们就可以进行比较、鉴别，肆意曲解又企图让人信以为真，就不那么容易了。有了它，有志于客观地了解国史的读者，有志于深入地研究国史的学者，有志于以史为鉴、更好地前进的各行各业的工作者，都可以从中获得有用的东西，达到正确的认识。

因此，我衷心地感谢为这部丛书付出心血和劳动的编纂者们！

（载《当代中国史研究》1999 年第 4 期）

《新编中国优秀地方志简本丛书》序

（1999 年 8 月 12 日）

“国有史，邑有志”，中国自古以来就有编修史、志的传统。史著与方志承载着中华民族源远流长的历史文化，代表着中国古代的优秀文化传统，也是一笔丰富的历史遗产。

新编中国地方志编纂臻于兴盛，始于党的十一届三中全会之后。它是改革开放在精神文明和学术文化建设方面取得的重大成就之一。思想解放对繁荣学术文化的推动、社会经济的发展、政治的稳定和社会开放程度的拓展，乃至人们教育水平和文化素质的提高，凡此种种，都为编纂方志提供了全新的历史条件和难得的历史机遇。而中央领导同志的关心支持，各级政府和方志编纂部门的组织实施，则是新编地方志在不到 20 年的时间里取得丰硕成果的直接动因。

据初步统计，全国省、市（地）、县计划编纂的志书有 6000 种左右，现已出版约 4000 种。这些志书大多资料翔实，具有浓郁的地方特色和鲜明的时代特点，客观地反映了该地的自然与社会实际，真实地记录了我国伟大变革的时代进程。邓小平同志曾经指出，要进行社会主义现代化建设，必须“摸清、摸准我们的国情”。这些志书正是具有独特历史文化价值的国情书，对于我国四个现代化的实现，必将起到积极的作用。

大量新志书的问世，向我们提出了一个重要的问题，即如何用好新编地方志，如何使这些志书更好地发挥作用，亦就是如何拓展及强化方志的服务功能。

新编地方志的服务功能并不是古代方志传统的简单承袭。从主导方面、本质方面而言，它是一种创新。这种创新，不但表现在志书的深度与广度等方面的拓展，更表现在服务对象的转变。

新中国成立后，劳动人民做了国家的主人。我们的学术文化事业，应该深刻地认识到这种变化，顺应这种变化。新编地方志，不但要为各级领导、各部门干部与文教科研队伍使用，也要为广大的人民群众，尤其青少年使用。新方志应成为他们认识国情、地情，了解社会生活，提高参与国家事务能力的信息库，成为对青少年进行爱国、爱乡教育的乡土教材。

随着改革开放的深入开展，地区内和地区间以至国内外的交流、交往日益频繁，人们对地方信息的多方面需求急剧增长，这种趋势已越来越明显。新编方志横及百业，纵贯古今。这种“百科全书”式的记述，为满足不同层面的各种信息需求，提供了一个重要的途径。本乡本土的广大群众要了解家乡、热爱家乡、振兴家乡，就需要全面反映自己家乡的各种读物。而大凡国家公务员到异地任职，人们为了求业、求学乃至旅游到一个新的地方，海内外游子为了满足人类固有的寻根意识，几乎都希望能获得该地历史、地理、人情、风物等方面的各种信息，更遑论外国人期盼了解中国的求知渴望了。这种与日俱增的需求，正成为方志服务功能不断创新和拓展的强大动力。

现在的情况是，新志书出版后，基本上是在本地区、本系统内部运行，社会上和外地真正需要志书的人和单位，往往问津无路。即使有些志书进入市场，由于新志书部头很大，一部县、市志动辄百数十万甚至数百万字，个人使用起来很不方便，价格又高，非一般人所能承受。这样的志书虽然资料丰富，很有价值，可以放在图书馆、方志馆供专家、学者以及一些因工作需要的同志查阅与研究，但要走进一般干部、群众家，恐怕就难了。这在一定程度上制约了新编地方志社会效益的发挥。

有鉴于此，我们决定先从 1997 年中国地方志优秀成果奖的志书中，选取若干种改编为简本，每种 30 万字，以《新编中国优秀地方志简本丛书》的形式向国内外公开发行。编纂这套丛书的目的在于增强新编志书的可读性，扩大志书的影响范围，更好地传播地方信息，发挥志书进行爱国主义教育的功能，使志书更好地服务于当代社会。

现在，《新编中国优秀地方志简本丛书》第一辑编辑工作已经完成，收入第一辑的简本有八种，它们是：《大足县志》《阜阳地区志》《秦皇岛市志》《绍兴市志》《顺德县志》《文登市志》《辛集市志》《建水县志》。丛书在保存原本志书内容精华、基本框架不变的同时，具有以下几个特点：

第一，篇幅的浓缩精简。

既然称作简本，就要对原本进行删节、浓缩。《大足县志》141 万字，《阜阳地区志》205 万字，《秦皇岛市志》700 万字，《绍兴市志》540 万字，《顺德县志》180 万字，《文登市志》

184 万字，《辛集市志》190 万字，《建水县志》120 万字，均删减为 30 万字左右。

第二，内容的升华充实。

简本不单纯是文字的削减、浓缩，而是内容的提炼和充实，信息密度大为增加。例如《秦皇岛市志》简本比原志更着力、更集中地展现其特殊的地理位置、优越的自然环境所构成的区域优势——港口优势及旅游优势，在人们心目中树立起中国“夏都”的形象。同时，不少简本增加了内容，进一步与现实接轨，提高了使用价值。

第三，结构形式的创新。

简本为了执简驭繁、言约事丰，避免面面俱到，使读者用较短的时间了解本地概貌，就要选取最有代表性的资料。因此在结构上大多打破旧格局，进行再创作。例如：《顺德县志》简本，紧扣顺德地处珠江三角洲冲积平原的地理优势，抓住民族工商业及改革开放创出的富有特色的经济发展这条主线，在原志基础上另搭构架，重新组织加工素材，重点记述地理、人口、经济、城乡建设、习俗、华侨、港澳同胞及名人，而略写机构等内容，以使读者对顺德的古今地情脉络一目了然。

第四，时代特点和地方特色更加鲜明。

《阜阳地区志》简本突出经济、文化和民俗等章节，农业章介绍土特产品，文化章保留猴戏、剪纸、农民画等民间文艺。《辛集市志》简本加大了人文部类的比重，通过本地人物反映历史。辛集市传统皮毛制革业在改革开放后焕发生机，成为全国最大的皮装生产和营销中心；辛集市中小学教育发达、质量在全省名列前茅，这些都在简志中重点记述。《绍兴市志》简本则加强绚丽多彩的历史文化遗产和人才辈出的比重。《大足县志》简本以举世闻名的石刻艺术宝库为重点，对兴盛于晚唐、鼎盛于两宋的五万余的石窟造像群浓墨重彩。

此外，简本对原本的疏误之处有所匡正，并增强了文字的可读性。

原本与简本，一繁一简，各有侧重。如果想简明快捷，就读简本；如果想了解更详细、更系统的资料，请读原志。两者各有千秋，互存互补，互相辉映。由于简志有部头不大、价格适当、信息密集、特色鲜明的优点，它可能会受到广大读者的欢迎，从而实现地方志工作者多年的企盼：让新编地方志走上一般干部、群众的案头、书架，并成为前来洽谈业务者或寻根访胜者随身携带的必备之物。

《新编中国优秀地方志简本丛书》工作目前还处于起步和探索阶段。包括志书的选择、内容的增减、结构的调整以及文字的处理等方面，肯定会存在一些可商榷之处。这些问题，一定会在探索中不断改进。我相信，编纂简本方志是一项有价值、有意义的工作。它一定会为建设社会主义精神文明事业做出应有的贡献!

（载《新编中国优秀地方志简本丛书》，方志出版社 1999 年版）

世纪之交的感想*

（1999 年 9 月）

20 世纪的一百年即将结束。在这样的时候，请允许我就以往的经验教训及其对未来的启示，谈几点感想：

> 即将过去的这个世纪证明，各国为国际和平的实现付出了巨大的努力和代价，然而，一些企图称霸世界的势力过去是、现在是、将来仍有可能是人类生存面临的重大威胁，我们这个世界还没有足够的能力，找到有效的办法，彻底消除战争阴云的笼罩。

公元纪年迄今为止已有两千年，但仅有的两次世界大战都发生在 20 世纪。第一次世界大战历时四年零三个月，参战国家计 33 个，卷入战争的人口在 15 亿以上，死亡约 1000 万人。第二次世界大战若从 1939 年英法对德宣战算起，到 1945 年法西斯国家崩溃为止，长达六年之久，卷入战争的有六十多个国家和地区，涉及面几乎占到全球人口的 4/5，死亡人数有多种

* 为韩国朝鲜大学举办的学术研讨会提供的文章。

说法，最少的是五千多万。20世纪后半叶虽然没有世界规模的战争，但各种局部冲突、区域内对抗和“低强度战争”却始终不曾间断。尤其是冷战结束后的这几年，武装性的国际干涉和中小规模的“热点”有骤然增多之势，甚至发生了海湾战争和科索沃战争这类耗费上百亿美元、有许多发达国家参与的地区性战争，直接伤亡人数过万，而由战争引发的难民人数更是成百万、上千万。难怪法国农艺学家兼生态学家迪蒙（Rene Dumont）说：“我看20世纪，只把它看作一个屠杀、战乱不停的时代。”

是什么原因造成人类当代历史的这种悲剧？军事家、经济学家和民族人类学家等已经给出数十种答案，都有其道理和根据；比如，有人看重地缘战略争夺的因素，有人强调资源和市场的价值，有人着眼于宗教和种族的矛盾。依我看，在导致大规模武装冲突和人命伤亡的各种原因中，霸权野心可能是最重大、最关键的一个。霸权的追求当然有多种表现形式：它可以是为石油等自然资源而战，也可以是为实验某种“新战略”而战；可以是为争夺地区性的支配角色，也可以是为争夺全球性的霸主地位，为争取单一体系下的唯一超级大国身份。而且，或许更要紧的是，20世纪发动大规模战争的形形色色的霸权国家，都是近代以来一直有着根深蒂固的帝国主义传统的西方资本主义发达国家，它们既有野心，又有需求，还有能量。第一次世界大战难道不是因为同盟国和协约国之间为争夺欧洲势力范围而打起来的吗？第二次世界大战难道不是由于德意日等法西斯国家为称霸欧洲、非洲和亚太地区而挑起全球战火的吗？20世纪最后一场大的战争——科索沃战争——难道不是以美国为首的北约集团凭借其优越的军事和经济实力而对一个区区一千万人口的小国南斯拉夫所施加的吗？显而易见，第一次世界大战时的保加利亚等小国，第二次世界大战时的中国或波兰等弱国，目前状态下的南斯拉夫，都不愿意也没有可能发动世人所见到的那些残酷无比的战争。称霸地区和世界的帝国主义野心，从实力地位出发的强权政治及其“社会达尔文主义”的哲学思想基础，“顺我者昌、逆我者亡”的逻辑，才是世界不得安宁的主要根源。我们不得不非常遗憾和痛苦地承认，虽然国际社会为了消除或减少战争的威胁已经做了大量努力，也取得了一定成效，但离善良群众的期望相去甚远。展望下个世纪，至少在可预见的将来，至少我个人无法过于乐观。

> 即将过去的这个世纪业已证明，人类在改造自然世界中取得的巨大成就超出了许多人的预想甚至梦想，但是当今世界在消除南北差距悬殊方面的努力却远没有达到多数国家的期待。经济和科技的全球化恰似一柄锋利无比的“双刃剑”，既可带来生活水平的提高，也能造成贫富差距的加大，带来新的更严重的支配与依附的国际关系。

20世纪也有值得我们自豪和骄傲的地方，尤其是对自然资源的开发和利用。20世纪人类的发明创造，其数量之多和效益之大，都远远超过以往历史的总和。英国著名历史学家霍布斯鲍姆教授（Eric Hobsbawm）认为：“这个时代对人类唯一可夸耀的贡献，可以说完全建立在以科技为基础的重大物质成就进步之上。”从收音机到飞机的普及运用，到各种从前被认为是奢侈品的一些消费方式（如旅游观光、高效药品）的大众化，直至电脑、网络和音像制品的迅速推广，包括作为这一切之基础的大规模现代生产的广泛建立和各种革命性的、前沿性的科技突破，都给人极其深刻的印象。就20世纪的中等国家的一个普通公民的日常生活而言，其方便舒适程度和所掌握信息的广泛性，可能是20世纪以前世界上任何国家的君王贵族都无法享受、无法拥有的。然而，在人类拥有的开发自然的能力如此提高，物质生产力如此膨胀的耀眼光环下，我们不能忘记，今天的世界仍然是一个不公平的世界，其不公平程度可能超过以往任何世纪。在60亿人口的地球上，只有少数工业发达国家享受着非常富裕，几乎是过度浪费的生活方式，而相当一部分国家仍然在为使自己的人民获得基本的温饱而艰难努力。根据联合国1992年人类发展报告，1960年占世界人口20%最富裕者的收入是世界人口20%最贫穷者收入的30倍，1990年这个差距扩大到90倍。根据世界银行1995年发展报告，在全球经济23万亿美元的国民生产总值（GDP）中，19个主要工业化国家（它们中除日本和澳大利亚外全部分布在西欧和北美地区）拥有18万亿美元，占世界总数的78%；其中，西方七国集团（美、日、德、法、英、意、加）便有16万亿美元，占总数的70%左右；而美国一国就有62600亿美元，占全世界国民生产总值的27%。除南非以外的整个非洲地区（有50多个国家）的国民生产总值加在一起才2000亿美元，不到世界GDP总和的1%（0.8），不到美国的1/30；即便加上南非（年GDP为1000亿美元），整个非洲地区的国民生产总值也不过相当于荷兰的水平。现在，世界上最富裕的前50位亿万富豪确实是人人“富可敌国”，其财富量远远超过最贫穷的50个发展中国家的国民生产总值之和。令很多人失望和羞耻的一个事实是：在这个星球上一小部分人因为生活太好导致身体发福、需要减肥而无奈和发愁的同时，多数发展中国家的多数人口仍然缺乏足够的食品、药品、清洁饮用水和书籍。

在20世纪末，我们听到越来越多关于“国际化”“一体化”和“全球化”的说法，我们确实也目睹了越来越多与它们相关的事实。比如，跨国公司越来越大，各国的经济贸易往来越来越频繁，国家间的相互依存关系越来越强烈；信息技术的发展和普及，全球性金融资本的迅速进入或转移，各种股市和证券市场的大面积波动，都是不争的事实。当世界各国即将进入21世纪时，经济的全球化已是一个显而易见的过程。无论是好是坏、是福是祸，它以前所未有的速度向地球的各个角落扩张，用难以阻挡的力量向人类生活的各个方面施加影响；其速度之快、力量之大，经常越过常轨、超出世人的预料。它不仅使各国经济迈上新的台阶或陷入新的困境，也给世纪之交的国际政治造成深刻的变动趋势。我认为，本质上讲，全球化是商品化的经济向外扩张的过程。确切地说，是市场化的西方世界向全球扩张的过程。它大大加强了不同地区、国家之间的经济联系和相互依存，无可比拟地突出了市场竞争机制和当代信息网络的主导性作用，使利润、效益和资金回报率等典型的“资本概念”成为个人、企业乃至国家成败的主要度量衡。对于各国来说，它既意味着更大的贸易机会、更多的投资吸收、更高的生活水平、更开放的国家经济体系和更有效的综合国力提升方式，也隐含着优胜劣汰、适者生存的残酷逻辑。它还意味着，一旦民族国家进入这一本质上是市场竞争和信息开放的过程，便再也没有机会恢复到封闭时代具有的相对安宁与缓慢演进的状态。理论上，全球化对所有国家都提供了优胜或劣汰的两种可能性，但现实中较发达国家比不发达的国家占据着更有利的位置（更多的资金拥有量、更灵通的信息网络、更优良的产业和产品结构、更加精明强干的专业人员、对“游戏规则”的更加熟练的把握，等等）。尽管这种位置——历史地看——是相对的、并非不可变换的，例如，某些后发现代化国家可能拥有特殊的“赶超优势”，如新的资源发现、新的发展模式或新的“学习”方式，然而一般地讲，当较不发达的国家与较发达的国家在全球范围发生高强度的“碰撞”时，弱劣的一面会更加凸显，在“博弈过程”（尤其是一开始）中常常会吃更多的亏。在这里，全球化在世界各国造成的一个普遍现象是：一方面，新的现代性给人们带来更多更大的好处与期待；另一方面，急促的现代化又加剧了变化过程的不稳定和各种失落感，扩大了各国之间和各国内部的贫富差距，在决策层、各种制度和法律没有能力充分整合它们的条件下，不稳和失落便容易酝酿成不满甚至动乱。

总之，全球化是一个复杂的历史进程，是“一把两面有刃的剑”。至今为止，它不仅没有消除悬殊的贫富差距，而且使之不断扩大，甚至造成地球的南北方之间更加严重、更加隐蔽的支配与依附关系。展望未来，我甚至要有些悲观地在这里说，这种进程和由此带来的依附关系还看不到明显改善的可能。

> 即将过去的这个世纪同样证明，我们人类对于“可持续发展”概念的理解仍然是远远不够的，更不用说是存在深刻分歧的。无法回避的困境是：一方面地球生态资源为了人的目的得到了越来越充分的开发，另一方面我们的子孙后代的生存状况受到与日俱增的生态破坏威胁。在实现

经济增长与生态保护之间的平衡方面，世界各国还面临极其艰巨的任务。

有一个现象很值得我们思索：20 世纪的成就如此奇妙，它的物质进步如此辉煌，为什么当这个世纪结束之际，却不是在对它的一片讴歌中落幕？相反，世人却可以感受到一种局促不安的抑郁氛围。我想，这不单单是因为即将过去的一个世纪是人类历史上最残酷争斗和嗜杀的年代，也不仅仅是由于南方国家和北方国家本来已经悬殊的差距还在继续扩大，还有一个重要原因是，真正有前瞻意识的思想者，对我们居住的星球的生态环境有一种深刻的忧患感，担心过去和现在的一些事态到 21 世纪演化为真正的全球性灾难。众所周知，从罗马俱乐部在 60 年代末 70 年代初发表著名的《增长的极限》和《人类处在转折点》两份报告之后，尤其在 1972 年联合国在瑞典首都斯德哥尔摩召开“人类环境大会”以后，世界范围内的人口增长，技术进步、经济发展与生态环境之间的关系开始成为国际社会关注的中心问题之一。对人类具有某种讽刺意味的是，科学进步、技术改进和经济高速增长，越来越严重地造成了一系列始料不及的负面后果，如人口大量增长，现代化、城市化和工业化造成的各种废物对大自然的污染，交通拥挤、食物短缺和资源匮乏，森林过度砍伐、河流干涸、饮用水源被污染及大片区域沙漠化，地球自然物种的急剧减少和气候变暖、各种人为的灾害越来越频繁，等等。简言之，人类社会与自然环境的关系逐渐失调，地球的生态开始以各种灾害的形式惩罚“人的罪孽”。

是什么原因造成这种生态危机和威胁，又如何消除之？有一种看法把责任完全归咎于广大的发展中国家。这种意见认为，比如讲，气候的人为改变主要来自落后、愚昧地区的民众对森林的乱砍滥伐和对植被的各种破坏（包括不恰当的农业耕种方式、食物摄取方式、燃料原料结构等），所谓“沙漠化过程”完全是某些发展中国家“错误的发展政策”所致。在他们看来，某些发展中国家目前的经济发展方式和由此带来的生态环境破坏速度，是完全不负责任的、不顾他人的方式。因此，必须采取各种形态——例如靠外界鼓励采用合理的、“可持续的发展方式”，或者是提供各种技术、资金等环保援助，或者是使用强制的、国际法的和国际干涉的方式——制止这一势头。对于持这种论点的人来讲，所谓“可持续发展”，首要的目标是针对“野蛮的、不能持续的发展”，即制止竭泽而渔、杀鸡取卵的开发方式。

我不否认这种意见中含有一些正确的批评成分，我也认为广大的发展中国家应当在发展的同时更多地考虑保护生态环境问题，然而，我无法苟同前述的基本论点和论证方式。难道西方发达国家的奢侈的消费结构（大量使用汽车、家用电器、大量弃置城市垃圾等）、工业高能耗结构和对发展中地区的不计后果的掠夺性开发（如石油的大量开采和其他矿物燃料的过量攫取），不是气候变暖的部分原因吗？发达国家对发展中国家的指责，难道不含有某种虚伪且傲慢的成分，即发达国家在实际消耗着地球每日消费的绝大部分燃料、原料的同时，却拒绝让后发展起来的地区有享受同样生活的机会？这能否算作公正、平等，能否称作道义的选择？如果西方发达国家真心愿意与发展中国家一道解决生态危机，首先必须从自身着手，比如增加对不发展地区的援助，放弃掠夺性贸易，减少过于奢侈的消费，改变旧的消费观念和生活方式等等。对于国际社会而言，这一过程的含义，在于改造现有的不合理的国际经济和政治秩序，放弃西方旧式的支配性模式，建立机会更加均等、权利更加平等、规则更加公正、有利于全人类而不是一部分人类的体制。这才是真正可持续发展的开始，是21世纪全人类共同努力的一个方向。

> 即将过去的这个世纪还证明，各种文化、价值观和意识形态以及不同文明之间的差异，依然对于这个世界的政治经济体制、国际关系和社会制度的选择起着重要作用。如何在避免重大的战争创伤或毁坏性冲突的前提下保持它们的多样性、丰富性，是各国政治家、思想家和战略家必须正视的重大课题。

几年前，美国哈佛大学的亨廷顿（S. Hungtington）教授发表了著名的“文明冲突论”。他在总结过去的历史经验之后得出一个结论，说今后的世界将是一个冲突愈演愈烈的世界，这种冲突是基于文化、种族和意识形态差异之上的，西方世界尤其是美国必须早做准备，务必在冲突中取胜。在我看来，这种论点是一个深刻的谬误，就是说是在一种深刻的观察基础上提出的荒唐结论。“深刻”，是指他看到全球范围内文化、种族和意识形态差异的存在，看到这种差异有可能被发展和强化，看到它们是世界各国，尤其是政治家和战略家必须面对的一个重大现实；“荒唐”，是因为亨廷顿教授从西方特别是美国的私利出发（比如我们已经讨论过的“霸主利益”），建议了一种令人忧虑和无法赞同的战略。从深层次观察，“文明冲突论”既是几百年来经久不衰的那种“核心与外围”“白人的责任”或“西方对非西方”等观念的自然延伸，也是西方一部分人支配地位感动摇、危机感加剧的某种折射。

亨廷顿的主张也给我们一个启示：如何对待不同文化、价值观和意识形态以及不同文明之间的差异，仍然是一个悬而未决的问题。即将过去的20世纪，在这方面给世界留下许多惨痛的记忆和宝贵的教训。法西斯主义企图以日耳曼民族至上论统治世界和改造人类，给许多国家造成可怕的战争创痛，最终它自己以彻底覆灭告终。波尔布特政权在柬埔寨实行“政治同化”政策，给一个色彩丰富多样的文明古国以毁灭性打击，最终遭到国内民众和国际舆论的唾弃。20世纪即将结束的时候，以美国为首的北约无视联合国宪章和国际关系的基本准则，对一个“圈外的”国家（所谓“巴尔干半岛的最后一个红色堡垒”）实施了长达78天的惨无人道的轰炸。虽然北约凭借其巨大的实力优势取得了军事上的暂时胜利，但这场战争却给世界各国善良和平的人们以强烈的震撼和警醒。回顾世纪历程，我们不禁要问：究竟时代的进步趋势，是要削除或削平文化与社会制度的差异和多样性，还是越来越尊重这种差异和多样性？如何既能够有效保持文化和意识形态及社会制度的多样性和丰富性，又不至于让这种差异性的某些成分过分膨胀、过分扩张，从而造成严重的对峙和损害？如何在出现地区和国际性危机的时候保持冷静，严守《联合国宪章》和国际关系的基本准则，尤其是遵守不干涉内政的原则，在尽可能多的参与方达成一致的情况下有理、有利、有节地解决争端？我不得不说，这些问题迄今为止并没有获得令世界人民满意的回答，并没有给21世纪奠定一个“繁荣、稳定、和谐”的自然基础。

即将过去的世纪也显示，中国这个东方大国在经受了无数的苦难之后，正在发生一场历史性的转折：它不仅根本扭转了由于外敌入侵和压迫造成的“一盘散沙”的局面，使占世界五分之一的人口在实现政治独立之后又解决了温饱问题，而且，它也意识到由自身的崛起所带来的国际责任及国际格局的改变。对中国、对世界，这都是一个有着深远意义的现实。

最后，请允许我就中国的情况再说几句话。有人说，20 世纪的中国是一个内忧外患、多灾多难的中国；也有人认为，20 世纪的中国是一个充满生机、充满希望的中国；还有人预测，21 世纪的中国将是一个不稳定、不确定的中国。在我看来，这些说法都有一定道理，但又都不全面。20 世纪的中国确实遭受了中国历史上少有的灾难，从外部势力的压迫、剥削和欺凌，到内部的某些动荡和各种麻烦；它也经历了翻天覆地的变化，包括新中国成立五十年来的自力更生和独立自主，也包括最近二十年的改革开放和经济起飞；它仍然在探索既符合世界进步一般规律又有自己特色的前进道路，这条道路当然在人类历史上没有现成的模式，因而绝不会是一帆风顺的。

我个人以为，以下几点可能有助于在座的朋友们理解今天和未来的中国：

第一，中国将把解决自身占全人类 1/5 的人口的生存、发展作为国家的头等大事，中国希望有一个长期稳定的国际和平环境，由此看所谓的“中国威胁论”是完全站不住脚的，它仅仅是国外一些别有用心的势力的诬蔑性喧嚣。

第二，中国的改革开放将继续前进，中国国内的经济发展和民主法制建设将不断推进，回顾过去、展望未来，我对中国的进步前景充满信心。

第三，中国在对外关系中绝不会称王称霸，也绝不允许外国对中国颐指气使，中国将永远奉行独立自主的和平外交路线，“不称霸、不结盟、不针对第三方”是我们长期坚守的方针。

第四，中国已经意识到由于它自身的发展而导致的或可能导致的国际格局改变，中国人民将在国力允许的情况下承担更大的国际责任，促使国际政治经济秩序向更加公正合理的方向演进。

历史是未来的一面镜子。中华民族是一个有着强烈历史记忆的民族，它对 20 世纪的各种经历当然会认真总结，力争在 21 世纪有更高的起点和发展，也为人类的进步与和平做出应有的贡献。

后　　记

这本文集所载报告、讲话、文章，是由宋谊民同志搜集、整理、编辑的。我只是通读一遍，顺手改动了少许文字。特此说明，以致感谢。

王忍之

2017 年 3 月 24 日